This book belongs to

_____

Table of Contents

Dear Parents,

Thank you for your purchase! I sincerely hope, this book will be helpful and interesting for the kids to practice **Addition & Subtraction Facts 0 to 9.**

Your opinion matters to us. We'd love to hear from you! You can leave your valuable comments and honest feedback. Please take a moment to write a review. We appreciate your support.

Hopefully, your kids will enjoy this book. Enjoy Learning!

abcZbook Press
www.abczbook.com

Addition Tables

ONES	TWOS	THREES	FOURS	FIVES
1 + 1 = 2	2 + 1 = 3	3 + 1 = 4	4 + 1 = 5	5 + 1 = 6
1 + 2 = 3	2 + 2 = 4	3 + 2 = 5	4 + 2 = 6	5 + 2 = 7
1 + 3 = 4	2 + 3 = 5	3 + 3 = 6	4 + 3 = 7	5 + 3 = 8
1 + 4 = 5	2 + 4 = 6	3 + 4 = 7	4 + 4 = 8	5 + 4 = 9
1 + 5 = 6	2 + 5 = 7	3 + 5 = 8	4 + 5 = 9	5 + 5 = 10
1 + 6 = 7	2 + 6 = 8	3 + 6 = 9	4 + 6 = 10	5 + 6 = 11
1 + 7 = 8	2 + 7 = 9	3 + 7 = 10	4 + 7 = 11	5 + 7 = 12
1 + 8 = 9	2 + 8 = 10	3 + 8 = 11	4 + 8 = 12	5 + 8 = 13
1 + 9 = 10	2 + 9 = 11	3 + 9 = 12	4 + 9 = 13	5 + 9 = 14
1 + 10 = 11	2 + 10 = 12	3 + 10 = 13	4 + 10 = 14	5 + 10 = 15

SIXES	SEVENS	EIGHTS	NINES	TENS
6 + 1 = 7	7 + 1 = 8	8 + 1 = 9	9 + 1 = 10	10 + 1 = 11
6 + 2 = 8	7 + 2 = 9	8 + 2 = 10	9 + 2 = 11	10 + 2 = 12
6 + 3 = 9	7 + 3 = 10	8 + 3 = 11	9 + 3 = 12	10 + 3 = 13
6 + 4 = 10	7 + 4 = 11	8 + 4 = 12	9 + 4 = 13	10 + 4 = 14
6 + 5 = 11	7 + 5 = 12	8 + 5 = 13	9 + 5 = 14	10 + 5 = 15
6 + 6 = 12	7 + 6 = 13	8 + 6 = 14	9 + 6 = 15	10 + 6 = 16
6 + 7 = 13	7 + 7 = 14	8 + 7 = 15	9 + 7 = 16	10 + 7 = 17
6 + 8 = 14	7 + 8 = 15	8 + 8 = 16	9 + 8 = 17	10 + 8 = 18
6 + 9 = 15	7 + 9 = 16	8 + 9 = 17	9 + 9 = 18	10 + 9 = 19
6 + 10 = 16	7 + 10 = 17	8 + 10 = 18	9 + 10 = 19	10 + 10 = 20

Subtraction Tables

ONES	TWOS	THREES	FOURS	FIVES
1 - 1 = 0	2 - 2 = 0	3 - 3 = 0	4 - 4 = 0	5 - 5 = 0
2 - 1 = 1	3 - 2 = 1	4 - 3 = 1	5 - 4 = 1	6 - 5 = 1
3 - 1 = 2	4 - 2 = 2	5 - 3 = 2	6 - 4 = 2	7 - 5 = 2
4 - 1 = 3	5 - 2 = 3	6 - 3 = 3	7 - 4 = 3	8 - 5 = 3
5 - 1 = 4	6 - 2 = 4	7 - 3 = 4	8 - 4 = 4	9 - 5 = 4
6 - 1 = 5	7 - 2 = 5	8 - 3 = 5	9 - 4 = 5	10 - 5 = 5
7 - 1 = 6	8 - 2 = 6	9 - 3 = 6	10 - 4 = 6	11 - 5 = 6
8 - 1 = 7	9 - 2 = 7	10 - 3 = 7	11 - 4 = 7	12 - 5 = 7
9 - 1 = 8	10 - 2 = 8	11 - 3 = 8	12 - 4 = 8	13 - 5 = 8
10 - 1 = 9	11 - 2 = 9	12 - 3 = 9	13 - 4 = 9	14 - 5 = 9

SIXES	SEVENS	EIGHTS	NINES	TENS
6 - 6 = 0	7 - 7 = 0	8 - 8 = 0	9 - 9 = 0	10 - 10 = 0
7 - 6 = 1	8 - 7 = 1	9 - 8 = 1	10 - 9 = 1	11 - 10 = 1
8 - 6 = 2	9 - 7 = 2	10 - 8 = 2	11 - 9 = 2	12 - 10 = 2
9 - 6 = 3	10 - 7 = 3	11 - 8 = 3	12 - 9 = 3	13 - 10 = 3
10 - 6 = 4	11 - 7 = 4	12 - 8 = 4	13 - 9 = 4	14 - 10 = 4
11 - 6 = 5	12 - 7 = 5	13 - 8 = 5	14 - 9 = 5	15 - 10 = 5
12 - 6 = 6	13 - 7 = 6	14 - 8 = 6	15 - 9 = 6	16 - 10 = 6
13 - 6 = 7	14 - 7 = 7	15 - 8 = 7	16 - 9 = 7	17 - 10 = 7
14 - 6 = 8	15 - 7 = 8	16 - 8 = 8	17 - 9 = 8	18 - 10 = 8
15 - 6 = 9	16 - 7 = 9	17 - 8 = 9	18 - 9 = 9	19 - 10 = 9

(1)
$$\begin{array}{r} 5 \\ + \ 3 \\ \hline \end{array}$$

(2)
$$\begin{array}{r} 6 \\ + \ 9 \\ \hline \end{array}$$

(3)
$$\begin{array}{r} 3 \\ + \ 5 \\ \hline \end{array}$$

(4)
$$\begin{array}{r} 8 \\ + \ 8 \\ \hline \end{array}$$

(5)
$$\begin{array}{r} 4 \\ + \ 3 \\ \hline \end{array}$$

(6)
$$\begin{array}{r} 9 \\ + \ 3 \\ \hline \end{array}$$

(7)
$$\begin{array}{r} 5 \\ + \ 8 \\ \hline \end{array}$$

(8)
$$\begin{array}{r} 4 \\ + \ 6 \\ \hline \end{array}$$

(9)
$$\begin{array}{r} 4 \\ + \ 9 \\ \hline \end{array}$$

(10)
$$\begin{array}{r} 8 \\ + \ 6 \\ \hline \end{array}$$

(11)
$$\begin{array}{r} 9 \\ + \ 7 \\ \hline \end{array}$$

(12)
$$\begin{array}{r} 4 \\ + \ 9 \\ \hline \end{array}$$

(13)
$$\begin{array}{r} 2 \\ + \ 4 \\ \hline \end{array}$$

(14)
$$\begin{array}{r} 9 \\ + \ 7 \\ \hline \end{array}$$

(15)
$$\begin{array}{r} 7 \\ + \ 5 \\ \hline \end{array}$$

(16)
$$\begin{array}{r} 9 \\ + \ 9 \\ \hline \end{array}$$

(17)
$$\begin{array}{r} 5 \\ + \ 1 \\ \hline \end{array}$$

(18)
$$\begin{array}{r} 8 \\ + \ 8 \\ \hline \end{array}$$

(19)
$$\begin{array}{r} 0 \\ + \ 2 \\ \hline \end{array}$$

(20)
$$\begin{array}{r} 7 \\ + \ 3 \\ \hline \end{array}$$

(21)
$$\begin{array}{r} 5 \\ + \ 9 \\ \hline \end{array}$$

(22)
$$\begin{array}{r} 4 \\ + \ 6 \\ \hline \end{array}$$

(23)
$$\begin{array}{r} 6 \\ + \ 1 \\ \hline \end{array}$$

(24)
$$\begin{array}{r} 8 \\ + \ 7 \\ \hline \end{array}$$

(25)
$$\begin{array}{r} 8 \\ + \ 2 \\ \hline \end{array}$$

(26)
$$\begin{array}{r} 6 \\ + \ 8 \\ \hline \end{array}$$

(27)
$$\begin{array}{r} 1 \\ + \ 2 \\ \hline \end{array}$$

(28)
$$\begin{array}{r} 6 \\ + \ 7 \\ \hline \end{array}$$

(29)
$$\begin{array}{r} 1 \\ + \ 5 \\ \hline \end{array}$$

(30)
$$\begin{array}{r} 9 \\ + \ 8 \\ \hline \end{array}$$

(1)
```
    5
+   1
____
```

(2)
```
    9
+   1
____
```

(3)
```
    2
+   6
____
```

(4)
```
    3
+   5
____
```

(5)
```
    4
+   5
____
```

(6)
```
    7
+   5
____
```

(7)
```
    2
+   3
____
```

(8)
```
    6
+   9
____
```

(9)
```
    6
+   1
____
```

(10)
```
    5
+   1
____
```

(11)
```
    4
+   4
____
```

(12)
```
    7
+   5
____
```

(13)
```
    1
+   0
____
```

(14)
```
    0
+   4
____
```

(15)
```
    6
+   2
____
```

(16)
```
    5
+   1
____
```

(17)
```
    7
+   9
____
```

(18)
```
    8
+   9
____
```

(19)
```
    2
+   1
____
```

(20)
```
    3
+   4
____
```

(21)
```
    5
+   9
____
```

(22)
```
    2
+   8
____
```

(23)
```
    5
+   3
____
```

(24)
```
    9
+   9
____
```

(25)
```
    7
+   0
____
```

(26)
```
    2
+   1
____
```

(27)
```
    4
+   7
____
```

(28)
```
    7
+   2
____
```

(29)
```
    8
+   6
____
```

(30)
```
    6
+   7
____
```

(1)
```
    4
+   6
____
```

(2)
```
    1
+   6
____
```

(3)
```
    0
+   4
____
```

(4)
```
    0
+   2
____
```

(5)
```
    8
+   0
____
```

(6)
```
    0
+   1
____
```

(7)
```
    2
+   3
____
```

(8)
```
    5
+   8
____
```

(9)
```
    5
+   0
____
```

(10)
```
    3
+   2
____
```

(11)
```
    2
+   3
____
```

(12)
```
    6
+   9
____
```

(13)
```
    0
+   5
____
```

(14)
```
    9
+   0
____
```

(15)
```
    3
+   7
____
```

(16)
```
    1
+   5
____
```

(17)
```
    4
+   9
____
```

(18)
```
    5
+   3
____
```

(19)
```
    5
+   7
____
```

(20)
```
    7
+   9
____
```

(21)
```
    2
+   9
____
```

(22)
```
    8
+   1
____
```

(23)
```
    1
+   1
____
```

(24)
```
    3
+   1
____
```

(25)
```
    4
+   9
____
```

(26)
```
    2
+   8
____
```

(27)
```
    5
+   0
____
```

(28)
```
    8
+   7
____
```

(29)
```
    0
+   2
____
```

(30)
```
    7
+   6
____
```

(1)
```
    1
+   4
_____
```

(2)
```
    5
+   6
_____
```

(3)
```
    1
+   0
_____
```

(4)
```
    5
+   5
_____
```

(5)
```
    9
+   9
_____
```

(6)
```
    0
+   7
_____
```

(7)
```
    9
+   3
_____
```

(8)
```
    6
+   0
_____
```

(9)
```
    2
+   2
_____
```

(10)
```
    1
+   3
_____
```

(11)
```
    3
+   7
_____
```

(12)
```
    1
+   3
_____
```

(13)
```
    0
+   8
_____
```

(14)
```
    2
+   9
_____
```

(15)
```
    9
+   1
_____
```

(16)
```
    3
+   3
_____
```

(17)
```
    4
+   4
_____
```

(18)
```
    6
+   1
_____
```

(19)
```
    1
+   1
_____
```

(20)
```
    1
+   0
_____
```

(21)
```
    1
+   7
_____
```

(22)
```
    0
+   3
_____
```

(23)
```
    6
+   9
_____
```

(24)
```
    0
+   4
_____
```

(25)
```
    4
+   7
_____
```

(26)
```
    7
+   1
_____
```

(27)
```
    0
+   5
_____
```

(28)
```
    4
+   1
_____
```

(29)
```
    3
+   9
_____
```

(30)
```
    4
+   2
_____
```

(1)
$$9 + 3$$

(2)
$$4 + 8$$

(3)
$$3 + 5$$

(4)
$$2 + 4$$

(5)
$$1 + 3$$

(6)
$$6 + 4$$

(7)
$$1 + 1$$

(8)
$$6 + 2$$

(9)
$$7 + 2$$

(10)
$$9 + 4$$

(11)
$$4 + 7$$

(12)
$$1 + 4$$

(13)
$$7 + 1$$

(14)
$$5 + 9$$

(15)
$$2 + 3$$

(16)
$$5 + 5$$

(17)
$$5 + 0$$

(18)
$$0 + 9$$

(19)
$$7 + 2$$

(20)
$$8 + 4$$

(21)
$$7 + 0$$

(22)
$$3 + 2$$

(23)
$$8 + 0$$

(24)
$$9 + 0$$

(25)
$$0 + 6$$

(26)
$$1 + 2$$

(27)
$$8 + 4$$

(28)
$$3 + 4$$

(29)
$$2 + 3$$

(30)
$$8 + 1$$

(1) 9
   + 2

(2) 0
   + 3

(3) 7
   + 0

(4) 6
   + 8

(5) 0
   + 9

(6) 9
   + 3

(7) 2
   + 6

(8) 4
   + 9

(9) 2
   + 6

(10) 3
    + 8

(11) 7
    + 6

(12) 6
    + 5

(13) 2
    + 7

(14) 0
    + 5

(15) 0
    + 6

(16) 7
    + 5

(17) 2
    + 9

(18) 0
    + 9

(19) 1
    + 6

(20) 3
    + 2

(21) 4
    + 7

(22) 4
    + 2

(23) 5
    + 4

(24) 0
    + 9

(25) 4
    + 5

(26) 1
    + 4

(27) 8
    + 9

(28) 3
    + 3

(29) 5
    + 0

(30) 0
    + 1

(1)
```
    1
+   4
────
```

(2)
```
    9
+   9
────
```

(3)
```
    8
+   7
────
```

(4)
```
    0
+   5
────
```

(5)
```
    8
+   6
────
```

(6)
```
    3
+   2
────
```

(7)
```
    5
+   7
────
```

(8)
```
    0
+   0
────
```

(9)
```
    6
+   1
────
```

(10)
```
    3
+   1
────
```

(11)
```
    7
+   9
────
```

(12)
```
    6
+   8
────
```

(13)
```
    6
+   5
────
```

(14)
```
    6
+   3
────
```

(15)
```
    5
+   9
────
```

(16)
```
    4
+   7
────
```

(17)
```
    8
+   5
────
```

(18)
```
    5
+   5
────
```

(19)
```
    8
+   9
────
```

(20)
```
    1
+   4
────
```

(21)
```
    0
+   2
────
```

(22)
```
    1
+   8
────
```

(23)
```
    3
+   2
────
```

(24)
```
    4
+   4
────
```

(25)
```
    8
+   0
────
```

(26)
```
    3
+   7
────
```

(27)
```
    1
+   8
────
```

(28)
```
    9
+   0
────
```

(29)
```
    2
+   8
────
```

(30)
```
    8
+   5
────
```

(1)
$$\begin{array}{r} 5 \\ + \ 7 \\ \hline \end{array}$$

(2)
$$\begin{array}{r} 1 \\ + \ 1 \\ \hline \end{array}$$

(3)
$$\begin{array}{r} 8 \\ + \ 4 \\ \hline \end{array}$$

(4)
$$\begin{array}{r} 5 \\ + \ 0 \\ \hline \end{array}$$

(5)
$$\begin{array}{r} 2 \\ + \ 8 \\ \hline \end{array}$$

(6)
$$\begin{array}{r} 2 \\ + \ 9 \\ \hline \end{array}$$

(7)
$$\begin{array}{r} 5 \\ + \ 4 \\ \hline \end{array}$$

(8)
$$\begin{array}{r} 1 \\ + \ 8 \\ \hline \end{array}$$

(9)
$$\begin{array}{r} 3 \\ + \ 0 \\ \hline \end{array}$$

(10)
$$\begin{array}{r} 3 \\ + \ 3 \\ \hline \end{array}$$

(11)
$$\begin{array}{r} 6 \\ + \ 3 \\ \hline \end{array}$$

(12)
$$\begin{array}{r} 9 \\ + \ 4 \\ \hline \end{array}$$

(13)
$$\begin{array}{r} 7 \\ + \ 6 \\ \hline \end{array}$$

(14)
$$\begin{array}{r} 5 \\ + \ 1 \\ \hline \end{array}$$

(15)
$$\begin{array}{r} 5 \\ + \ 1 \\ \hline \end{array}$$

(16)
$$\begin{array}{r} 2 \\ + \ 5 \\ \hline \end{array}$$

(17)
$$\begin{array}{r} 0 \\ + \ 2 \\ \hline \end{array}$$

(18)
$$\begin{array}{r} 4 \\ + \ 8 \\ \hline \end{array}$$

(19)
$$\begin{array}{r} 6 \\ + \ 8 \\ \hline \end{array}$$

(20)
$$\begin{array}{r} 5 \\ + \ 9 \\ \hline \end{array}$$

(21)
$$\begin{array}{r} 6 \\ + \ 9 \\ \hline \end{array}$$

(22)
$$\begin{array}{r} 7 \\ + \ 2 \\ \hline \end{array}$$

(23)
$$\begin{array}{r} 9 \\ + \ 3 \\ \hline \end{array}$$

(24)
$$\begin{array}{r} 7 \\ + \ 5 \\ \hline \end{array}$$

(25)
$$\begin{array}{r} 6 \\ + \ 9 \\ \hline \end{array}$$

(26)
$$\begin{array}{r} 4 \\ + \ 5 \\ \hline \end{array}$$

(27)
$$\begin{array}{r} 1 \\ + \ 0 \\ \hline \end{array}$$

(28)
$$\begin{array}{r} 0 \\ + \ 3 \\ \hline \end{array}$$

(29)
$$\begin{array}{r} 0 \\ + \ 5 \\ \hline \end{array}$$

(30)
$$\begin{array}{r} 6 \\ + \ 7 \\ \hline \end{array}$$

(1)
```
    8
+   0
_____
```

(2)
```
    9
+   1
_____
```

(3)
```
    3
+   4
_____
```

(4)
```
    4
+   9
_____
```

(5)
```
    9
+   7
_____
```

(6)
```
    1
+   4
_____
```

(7)
```
    9
+   1
_____
```

(8)
```
    5
+   1
_____
```

(9)
```
    4
+   2
_____
```

(10)
```
    1
+   6
_____
```

(11)
```
    0
+   7
_____
```

(12)
```
    2
+   6
_____
```

(13)
```
    8
+   0
_____
```

(14)
```
    0
+   2
_____
```

(15)
```
    6
+   8
_____
```

(16)
```
    0
+   8
_____
```

(17)
```
    9
+   8
_____
```

(18)
```
    4
+   1
_____
```

(19)
```
    0
+   7
_____
```

(20)
```
    1
+   3
_____
```

(21)
```
    5
+   5
_____
```

(22)
```
    0
+   4
_____
```

(23)
```
    4
+   7
_____
```

(24)
```
    0
+   5
_____
```

(25)
```
    7
+   5
_____
```

(26)
```
    8
+   7
_____
```

(27)
```
    1
+   0
_____
```

(28)
```
    9
+   1
_____
```

(29)
```
    7
+   6
_____
```

(30)
```
    2
+   9
_____
```

(1)
```
    8
+   0
_____
```

(2)
```
    0
+   9
_____
```

(3)
```
    5
+   5
_____
```

(4)
```
    6
+   6
_____
```

(5)
```
    8
+   0
_____
```

(6)
```
    4
+   3
_____
```

(7)
```
    0
+   2
_____
```

(8)
```
    1
+   7
_____
```

(9)
```
    4
+   3
_____
```

(10)
```
    2
+   2
_____
```

(11)
```
    5
+   3
_____
```

(12)
```
    5
+   7
_____
```

(13)
```
    6
+   1
_____
```

(14)
```
    6
+   0
_____
```

(15)
```
    8
+   7
_____
```

(16)
```
    0
+   1
_____
```

(17)
```
    4
+   2
_____
```

(18)
```
    5
+   7
_____
```

(19)
```
    2
+   3
_____
```

(20)
```
    6
+   7
_____
```

(21)
```
    8
+   9
_____
```

(22)
```
    2
+   2
_____
```

(23)
```
    1
+   8
_____
```

(24)
```
    1
+   5
_____
```

(25)
```
    6
+   8
_____
```

(26)
```
    8
+   9
_____
```

(27)
```
    6
+   6
_____
```

(28)
```
    8
+   0
_____
```

(29)
```
    9
+   4
_____
```

(30)
```
    0
+   0
_____
```

(1) 3   (2) 2   (3) 8   (4) 0   (5) 3
   + 6   + 1   + 2   + 4   + 2

(6) 7   (7) 7   (8) 3   (9) 9   (10) 8
   + 3   + 5   + 6   + 4   + 0

(11) 8   (12) 7   (13) 5   (14) 5   (15) 3
    + 9   + 5   + 5   + 9   + 1

(16) 8   (17) 4   (18) 1   (19) 3   (20) 7
    + 0   + 9   + 3   + 0   + 2

(21) 4   (22) 6   (23) 5   (24) 9   (25) 7
    + 8   + 1   + 8   + 4   + 6

(26) 7   (27) 1   (28) 4   (29) 0   (30) 7
    + 8   + 8   + 5   + 9   + 1

(1)
```
    3
+   8
____
```

(2)
```
    1
+   6
____
```

(3)
```
    3
+   8
____
```

(4)
```
    8
+   9
____
```

(5)
```
    8
+   0
____
```

(6)
```
    0
+   8
____
```

(7)
```
    9
+   3
____
```

(8)
```
    4
+   4
____
```

(9)
```
    4
+   7
____
```

(10)
```
    3
+   0
____
```

(11)
```
    9
+   7
____
```

(12)
```
    3
+   7
____
```

(13)
```
    0
+   3
____
```

(14)
```
    8
+   6
____
```

(15)
```
    8
+   4
____
```

(16)
```
    0
+   7
____
```

(17)
```
    2
+   8
____
```

(18)
```
    7
+   2
____
```

(19)
```
    3
+   9
____
```

(20)
```
    2
+   4
____
```

(21)
```
    6
+   5
____
```

(22)
```
    5
+   9
____
```

(23)
```
    3
+   3
____
```

(24)
```
    4
+   0
____
```

(25)
```
    9
+   8
____
```

(26)
```
    2
+   4
____
```

(27)
```
    8
+   5
____
```

(28)
```
    5
+   6
____
```

(29)
```
    0
+   5
____
```

(30)
```
    1
+   7
____
```

(1)　　3
　+　8

(2)　　1
　+　4

(3)　　3
　+　8

(4)　　7
　+　2

(5)　　4
　+　7

(6)　　6
　+　3

(7)　　7
　+　6

(8)　　6
　+　6

(9)　　6
　+　2

(10)　　6
　+　2

(11)　　4
　+　9

(12)　　6
　+　5

(13)　　6
　+　8

(14)　　6
　+　7

(15)　　5
　+　7

(16)　　9
　+　2

(17)　　8
　+　5

(18)　　0
　+　5

(19)　　2
　+　6

(20)　　9
　+　5

(21)　　2
　+　5

(22)　　6
　+　8

(23)　　6
　+　1

(24)　　0
　+　9

(25)　　8
　+　7

(26)　　1
　+　0

(27)　　2
　+　6

(28)　　6
　+　9

(29)　　1
　+　2

(30)　　6
　+　8

(1)
```
    0
 +  6
_____
```

(2)
```
    9
 +  7
_____
```

(3)
```
    6
 +  8
_____
```

(4)
```
    6
 +  3
_____
```

(5)
```
    7
 +  9
_____
```

(6)
```
    6
 +  0
_____
```

(7)
```
    8
 +  2
_____
```

(8)
```
    0
 +  9
_____
```

(9)
```
    6
 +  0
_____
```

(10)
```
    9
 +  4
_____
```

(11)
```
    9
 +  4
_____
```

(12)
```
    0
 +  2
_____
```

(13)
```
    2
 +  2
_____
```

(14)
```
    0
 +  8
_____
```

(15)
```
    9
 +  7
_____
```

(16)
```
    5
 +  7
_____
```

(17)
```
    3
 +  1
_____
```

(18)
```
    1
 +  8
_____
```

(19)
```
    2
 +  8
_____
```

(20)
```
    6
 +  3
_____
```

(21)
```
    8
 +  0
_____
```

(22)
```
    3
 +  3
_____
```

(23)
```
    3
 +  0
_____
```

(24)
```
    9
 +  0
_____
```

(25)
```
    6
 +  7
_____
```

(26)
```
    1
 +  1
_____
```

(27)
```
    5
 +  2
_____
```

(28)
```
    1
 +  2
_____
```

(29)
```
    5
 +  7
_____
```

(30)
```
    1
 +  2
_____
```

(1)
```
    1
+   3
─────
```

(2)
```
    0
+   6
─────
```

(3)
```
    7
+   7
─────
```

(4)
```
    2
+   2
─────
```

(5)
```
    1
+   8
─────
```

(6)
```
    4
+   9
─────
```

(7)
```
    3
+   6
─────
```

(8)
```
    3
+   1
─────
```

(9)
```
    1
+   5
─────
```

(10)
```
    0
+   5
─────
```

(11)
```
    2
+   5
─────
```

(12)
```
    4
+   7
─────
```

(13)
```
    0
+   3
─────
```

(14)
```
    2
+   3
─────
```

(15)
```
    7
+   4
─────
```

(16)
```
    8
+   9
─────
```

(17)
```
    2
+   2
─────
```

(18)
```
    3
+   1
─────
```

(19)
```
    1
+   6
─────
```

(20)
```
    5
+   7
─────
```

(21)
```
    0
+   5
─────
```

(22)
```
    6
+   1
─────
```

(23)
```
    2
+   8
─────
```

(24)
```
    1
+   5
─────
```

(25)
```
    2
+   2
─────
```

(26)
```
    9
+   2
─────
```

(27)
```
    6
+   8
─────
```

(28)
```
    0
+   9
─────
```

(29)
```
    2
+   9
─────
```

(30)
```
    1
+   0
─────
```

(1)   6   (2)   2   (3)   6   (4)   2   (5)   6
   + 1   + 7   + 4   + 5   + 6

(6)   7   (7)   0   (8)   8   (9)   6   (10)   4
   + 0   + 1   + 8   + 9   + 1

(11)   3   (12)   9   (13)   4   (14)   1   (15)   5
   + 2   + 1   + 7   + 4   + 2

(16)   4   (17)   5   (18)   4   (19)   8   (20)   0
   + 6   + 2   + 6   + 8   + 3

(21)   9   (22)   9   (23)   7   (24)   1   (25)   5
   + 8   + 8   + 1   + 5   + 3

(26)   5   (27)   9   (28)   1   (29)   9   (30)   8
   + 2   + 6   + 2   + 0   + 9

(1)   8
   + 6
   _____

(2)   4
   + 1
   _____

(3)   2
   + 3
   _____

(4)   3
   + 0
   _____

(5)   1
   + 8
   _____

(6)   4
   + 1
   _____

(7)   0
   + 9
   _____

(8)   0
   + 9
   _____

(9)   9
   + 2
   _____

(10)   1
   + 6
   _____

(11)   6
   + 1
   _____

(12)   9
   + 3
   _____

(13)   0
   + 4
   _____

(14)   4
   + 5
   _____

(15)   3
   + 9
   _____

(16)   6
   + 9
   _____

(17)   7
   + 8
   _____

(18)   1
   + 4
   _____

(19)   9
   + 2
   _____

(20)   0
   + 3
   _____

(21)   3
   + 4
   _____

(22)   1
   + 9
   _____

(23)   1
   + 5
   _____

(24)   8
   + 7
   _____

(25)   9
   + 2
   _____

(26)   8
   + 9
   _____

(27)   0
   + 2
   _____

(28)   7
   + 3
   _____

(29)   3
   + 8
   _____

(30)   6
   + 5
   _____

(1) 2   (2) 3   (3) 5   (4) 6   (5) 0
   + 5   + 7   + 7   + 1   + 6

(6) 5   (7) 7   (8) 1   (9) 9   (10) 3
   + 8   + 8   + 5   + 8   + 7

(11) 8   (12) 5   (13) 0   (14) 7   (15) 6
   + 3   + 2   + 9   + 2   + 8

(16) 5   (17) 4   (18) 7   (19) 9   (20) 4
   + 9   + 9   + 3   + 6   + 3

(21) 0   (22) 4   (23) 8   (24) 6   (25) 9
   + 6   + 7   + 7   + 5   + 2

(26) 7   (27) 2   (28) 9   (29) 1   (30) 9
   + 0   + 5   + 7   + 1   + 0

(1)
```
    9
+   2
―――――
```

(2)
```
    9
+   9
―――――
```

(3)
```
    4
+   4
―――――
```

(4)
```
    5
+   6
―――――
```

(5)
```
    2
+   2
―――――
```

(6)
```
    7
+   8
―――――
```

(7)
```
    5
+   2
―――――
```

(8)
```
    9
+   2
―――――
```

(9)
```
    5
+   1
―――――
```

(10)
```
    8
+   7
―――――
```

(11)
```
    8
+   2
―――――
```

(12)
```
    2
+   9
―――――
```

(13)
```
    0
+   9
―――――
```

(14)
```
    8
+   3
―――――
```

(15)
```
    8
+   9
―――――
```

(16)
```
    6
+   4
―――――
```

(17)
```
    8
+   2
―――――
```

(18)
```
    4
+   8
―――――
```

(19)
```
    4
+   2
―――――
```

(20)
```
    4
+   3
―――――
```

(21)
```
    3
+   6
―――――
```

(22)
```
    9
+   7
―――――
```

(23)
```
    9
+   6
―――――
```

(24)
```
    6
+   7
―――――
```

(25)
```
    4
+   2
―――――
```

(26)
```
    7
+   3
―――――
```

(27)
```
    9
+   5
―――――
```

(28)
```
    2
+   9
―――――
```

(29)
```
    7
+   4
―――――
```

(30)
```
    4
+   2
―――――
```

(1)
```
    5
+   1
———————
```

(2)
```
    3
+   5
———————
```

(3)
```
    6
+   9
———————
```

(4)
```
    9
+   1
———————
```

(5)
```
    1
+   0
———————
```

(6)
```
    4
+   9
———————
```

(7)
```
    8
+   4
———————
```

(8)
```
    3
+   6
———————
```

(9)
```
    7
+   3
———————
```

(10)
```
    9
+   6
———————
```

(11)
```
    7
+   3
———————
```

(12)
```
    7
+   6
———————
```

(13)
```
    8
+   4
———————
```

(14)
```
    0
+   0
———————
```

(15)
```
    6
+   6
———————
```

(16)
```
    2
+   1
———————
```

(17)
```
    3
+   3
———————
```

(18)
```
    2
+   2
———————
```

(19)
```
    0
+   6
———————
```

(20)
```
    1
+   8
———————
```

(21)
```
    8
+   7
———————
```

(22)
```
    9
+   0
———————
```

(23)
```
    9
+   5
———————
```

(24)
```
    6
+   0
———————
```

(25)
```
    4
+   1
———————
```

(26)
```
    9
+   2
———————
```

(27)
```
    2
+   6
———————
```

(28)
```
    5
+   9
———————
```

(29)
```
    3
+   8
———————
```

(30)
```
    9
+   3
———————
```

(1)
```
    1
+   9
─────
```

(2)
```
    5
+   9
─────
```

(3)
```
    3
+   1
─────
```

(4)
```
    5
+   2
─────
```

(5)
```
    4
+   8
─────
```

(6)
```
    3
+   9
─────
```

(7)
```
    8
+   5
─────
```

(8)
```
    8
+   9
─────
```

(9)
```
    7
+   4
─────
```

(10)
```
    7
+   7
─────
```

(11)
```
    4
+   6
─────
```

(12)
```
    9
+   3
─────
```

(13)
```
    7
+   6
─────
```

(14)
```
    5
+   8
─────
```

(15)
```
    9
+   3
─────
```

(16)
```
    5
+   1
─────
```

(17)
```
    5
+   6
─────
```

(18)
```
    1
+   2
─────
```

(19)
```
    9
+   9
─────
```

(20)
```
    9
+   0
─────
```

(21)
```
    3
+   2
─────
```

(22)
```
    8
+   2
─────
```

(23)
```
    0
+   0
─────
```

(24)
```
    5
+   7
─────
```

(25)
```
    1
+   7
─────
```

(26)
```
    2
+   3
─────
```

(27)
```
    6
+   2
─────
```

(28)
```
    8
+   7
─────
```

(29)
```
    4
+   2
─────
```

(30)
```
    7
+   3
─────
```

(1)
```
    7
+   3
-----
```

(2)
```
    5
+   5
-----
```

(3)
```
    5
+   1
-----
```

(4)
```
    4
+   4
-----
```

(5)
```
    2
+   9
-----
```

(6)
```
    5
+   4
-----
```

(7)
```
    4
+   6
-----
```

(8)
```
    3
+   7
-----
```

(9)
```
    6
+   3
-----
```

(10)
```
    0
+   8
-----
```

(11)
```
    5
+   8
-----
```

(12)
```
    3
+   0
-----
```

(13)
```
    2
+   6
-----
```

(14)
```
    3
+   8
-----
```

(15)
```
    6
+   2
-----
```

(16)
```
    1
+   8
-----
```

(17)
```
    9
+   7
-----
```

(18)
```
    3
+   0
-----
```

(19)
```
    7
+   8
-----
```

(20)
```
    0
+   9
-----
```

(21)
```
    8
+   6
-----
```

(22)
```
    7
+   6
-----
```

(23)
```
    9
+   8
-----
```

(24)
```
    0
+   5
-----
```

(25)
```
    5
+   8
-----
```

(26)
```
    8
+   6
-----
```

(27)
```
    2
+   3
-----
```

(28)
```
    5
+   2
-----
```

(29)
```
    1
+   6
-----
```

(30)
```
    4
+   8
-----
```

(1)
```
    6
+   6
_____
```

(2)
```
    6
+   1
_____
```

(3)
```
    6
+   1
_____
```

(4)
```
    6
+   4
_____
```

(5)
```
    4
+   1
_____
```

(6)
```
    2
+   6
_____
```

(7)
```
    5
+   3
_____
```

(8)
```
    4
+   6
_____
```

(9)
```
    4
+   0
_____
```

(10)
```
    3
+   5
_____
```

(11)
```
    7
+   4
_____
```

(12)
```
    9
+   3
_____
```

(13)
```
    5
+   4
_____
```

(14)
```
    2
+   8
_____
```

(15)
```
    8
+   6
_____
```

(16)
```
    1
+   1
_____
```

(17)
```
    6
+   2
_____
```

(18)
```
    8
+   3
_____
```

(19)
```
    7
+   1
_____
```

(20)
```
    6
+   2
_____
```

(21)
```
    5
+   5
_____
```

(22)
```
    0
+   7
_____
```

(23)
```
    3
+   2
_____
```

(24)
```
    3
+   2
_____
```

(25)
```
    0
+   0
_____
```

(26)
```
    2
+   9
_____
```

(27)
```
    7
+   5
_____
```

(28)
```
    8
+   9
_____
```

(29)
```
    8
+   2
_____
```

(30)
```
    0
+   9
_____
```

(1)
```
    9
+   4
____
```

(2)
```
    3
+   2
____
```

(3)
```
    2
+   1
____
```

(4)
```
    6
+   5
____
```

(5)
```
    2
+   6
____
```

(6)
```
    0
+   9
____
```

(7)
```
    0
+   9
____
```

(8)
```
    5
+   3
____
```

(9)
```
    2
+   2
____
```

(10)
```
    6
+   6
____
```

(11)
```
    6
+   8
____
```

(12)
```
    3
+   7
____
```

(13)
```
    0
+   1
____
```

(14)
```
    3
+   8
____
```

(15)
```
    6
+   4
____
```

(16)
```
    6
+   4
____
```

(17)
```
    9
+   3
____
```

(18)
```
    3
+   1
____
```

(19)
```
    3
+   3
____
```

(20)
```
    7
+   3
____
```

(21)
```
    5
+   8
____
```

(22)
```
    5
+   2
____
```

(23)
```
    0
+   5
____
```

(24)
```
    7
+   9
____
```

(25)
```
    1
+   3
____
```

(26)
```
    0
+   3
____
```

(27)
```
    0
+   7
____
```

(28)
```
    4
+   8
____
```

(29)
```
    8
+   9
____
```

(30)
```
    0
+   3
____
```

(1)
```
    2
+   5
─────
```

(2)
```
    0
+   8
─────
```

(3)
```
    9
+   5
─────
```

(4)
```
    6
+   8
─────
```

(5)
```
    9
+   5
─────
```

(6)
```
    8
+   2
─────
```

(7)
```
    2
+   3
─────
```

(8)
```
    6
+   6
─────
```

(9)
```
    1
+   8
─────
```

(10)
```
    5
+   9
─────
```

(11)
```
    0
+   5
─────
```

(12)
```
    5
+   9
─────
```

(13)
```
    3
+   8
─────
```

(14)
```
    4
+   4
─────
```

(15)
```
    9
+   6
─────
```

(16)
```
    7
+   6
─────
```

(17)
```
    4
+   1
─────
```

(18)
```
    0
+   1
─────
```

(19)
```
    9
+   3
─────
```

(20)
```
    4
+   1
─────
```

(21)
```
    5
+   9
─────
```

(22)
```
    2
+   8
─────
```

(23)
```
    1
+   6
─────
```

(24)
```
    8
+   4
─────
```

(25)
```
    8
+   3
─────
```

(26)
```
    2
+   1
─────
```

(27)
```
    0
+   8
─────
```

(28)
```
    3
+   5
─────
```

(29)
```
    0
+   0
─────
```

(30)
```
    8
+   9
─────
```

(1)
$$\begin{array}{r} 5 \\ + 6 \\ \hline \end{array}$$

(2)
$$\begin{array}{r} 6 \\ + 1 \\ \hline \end{array}$$

(3)
$$\begin{array}{r} 7 \\ + 1 \\ \hline \end{array}$$

(4)
$$\begin{array}{r} 7 \\ + 5 \\ \hline \end{array}$$

(5)
$$\begin{array}{r} 1 \\ + 4 \\ \hline \end{array}$$

(6)
$$\begin{array}{r} 5 \\ + 7 \\ \hline \end{array}$$

(7)
$$\begin{array}{r} 8 \\ + 5 \\ \hline \end{array}$$

(8)
$$\begin{array}{r} 8 \\ + 6 \\ \hline \end{array}$$

(9)
$$\begin{array}{r} 3 \\ + 6 \\ \hline \end{array}$$

(10)
$$\begin{array}{r} 7 \\ + 2 \\ \hline \end{array}$$

(11)
$$\begin{array}{r} 6 \\ + 9 \\ \hline \end{array}$$

(12)
$$\begin{array}{r} 9 \\ + 4 \\ \hline \end{array}$$

(13)
$$\begin{array}{r} 0 \\ + 9 \\ \hline \end{array}$$

(14)
$$\begin{array}{r} 9 \\ + 2 \\ \hline \end{array}$$

(15)
$$\begin{array}{r} 9 \\ + 9 \\ \hline \end{array}$$

(16)
$$\begin{array}{r} 4 \\ + 2 \\ \hline \end{array}$$

(17)
$$\begin{array}{r} 0 \\ + 9 \\ \hline \end{array}$$

(18)
$$\begin{array}{r} 1 \\ + 9 \\ \hline \end{array}$$

(19)
$$\begin{array}{r} 8 \\ + 1 \\ \hline \end{array}$$

(20)
$$\begin{array}{r} 2 \\ + 5 \\ \hline \end{array}$$

(21)
$$\begin{array}{r} 0 \\ + 2 \\ \hline \end{array}$$

(22)
$$\begin{array}{r} 7 \\ + 6 \\ \hline \end{array}$$

(23)
$$\begin{array}{r} 8 \\ + 5 \\ \hline \end{array}$$

(24)
$$\begin{array}{r} 0 \\ + 0 \\ \hline \end{array}$$

(25)
$$\begin{array}{r} 3 \\ + 7 \\ \hline \end{array}$$

(26)
$$\begin{array}{r} 2 \\ + 9 \\ \hline \end{array}$$

(27)
$$\begin{array}{r} 0 \\ + 0 \\ \hline \end{array}$$

(28)
$$\begin{array}{r} 9 \\ + 6 \\ \hline \end{array}$$

(29)
$$\begin{array}{r} 8 \\ + 1 \\ \hline \end{array}$$

(30)
$$\begin{array}{r} 2 \\ + 9 \\ \hline \end{array}$$

(1)
```
    8
+   4
─────
```

(2)
```
    4
+   3
─────
```

(3)
```
    1
+   1
─────
```

(4)
```
    7
+   7
─────
```

(5)
```
    7
+   0
─────
```

(6)
```
    8
+   3
─────
```

(7)
```
    6
+   1
─────
```

(8)
```
    6
+   3
─────
```

(9)
```
    3
+   2
─────
```

(10)
```
    9
+   6
─────
```

(11)
```
    3
+   6
─────
```

(12)
```
    0
+   8
─────
```

(13)
```
    7
+   8
─────
```

(14)
```
    8
+   1
─────
```

(15)
```
    9
+   3
─────
```

(16)
```
    3
+   4
─────
```

(17)
```
    4
+   7
─────
```

(18)
```
    6
+   4
─────
```

(19)
```
    3
+   4
─────
```

(20)
```
    1
+   6
─────
```

(21)
```
    0
+   5
─────
```

(22)
```
    3
+   5
─────
```

(23)
```
    9
+   2
─────
```

(24)
```
    3
+   2
─────
```

(25)
```
    2
+   9
─────
```

(26)
```
    8
+   9
─────
```

(27)
```
    3
+   1
─────
```

(28)
```
    3
+   1
─────
```

(29)
```
    2
+   5
─────
```

(30)
```
    1
+   7
─────
```

(1) 1
   + 2

(2) 5
   + 0

(3) 9
   + 3

(4) 5
   + 0

(5) 2
   + 8

(6) 6
   + 8

(7) 1
   + 3

(8) 1
   + 4

(9) 9
   + 8

(10) 5
    + 6

(11) 9
    + 7

(12) 6
    + 5

(13) 0
    + 6

(14) 2
    + 4

(15) 6
    + 2

(16) 9
    + 6

(17) 0
    + 5

(18) 6
    + 2

(19) 7
    + 2

(20) 0
    + 2

(21) 5
    + 5

(22) 1
    + 8

(23) 5
    + 4

(24) 3
    + 6

(25) 3
    + 1

(26) 4
    + 3

(27) 2
    + 6

(28) 8
    + 7

(29) 2
    + 1

(30) 2
    + 3

(1)
```
   1
+  1
----
```

(2)
```
   5
+  1
----
```

(3)
```
   4
+  4
----
```

(4)
```
   6
+  5
----
```

(5)
```
   3
+  3
----
```

(6)
```
   8
+  7
----
```

(7)
```
   3
+  7
----
```

(8)
```
   5
+  5
----
```

(9)
```
   2
+  1
----
```

(10)
```
   8
+  2
----
```

(11)
```
   6
+  6
----
```

(12)
```
   8
+  9
----
```

(13)
```
   6
+  2
----
```

(14)
```
   2
+  8
----
```

(15)
```
   7
+  4
----
```

(16)
```
   3
+  9
----
```

(17)
```
   9
+  3
----
```

(18)
```
   3
+  5
----
```

(19)
```
   7
+  5
----
```

(20)
```
   3
+  6
----
```

(21)
```
   5
+  4
----
```

(22)
```
   1
+  5
----
```

(23)
```
   9
+  6
----
```

(24)
```
   8
+  3
----
```

(25)
```
   8
+  9
----
```

(26)
```
   3
+  7
----
```

(27)
```
   5
+  9
----
```

(28)
```
   4
+  8
----
```

(29)
```
   6
+  9
----
```

(30)
```
   4
+  4
----
```

(1)
```
    6
+   3
____
```

(2)
```
    6
+   2
____
```

(3)
```
    2
+   1
____
```

(4)
```
    1
+   4
____
```

(5)
```
    8
+   8
____
```

(6)
```
    3
+   5
____
```

(7)
```
    9
+   6
____
```

(8)
```
    2
+   4
____
```

(9)
```
    8
+   5
____
```

(10)
```
    8
+   7
____
```

(11)
```
    1
+   2
____
```

(12)
```
    7
+   1
____
```

(13)
```
    5
+   7
____
```

(14)
```
    4
+   9
____
```

(15)
```
    5
+   7
____
```

(16)
```
    1
+   1
____
```

(17)
```
    8
+   7
____
```

(18)
```
    6
+   9
____
```

(19)
```
    2
+   9
____
```

(20)
```
    7
+   1
____
```

(21)
```
    7
+   7
____
```

(22)
```
    9
+   2
____
```

(23)
```
    3
+   1
____
```

(24)
```
    4
+   3
____
```

(25)
```
    6
+   6
____
```

(26)
```
    2
+   3
____
```

(27)
```
    7
+   8
____
```

(28)
```
    8
+   8
____
```

(29)
```
    5
+   8
____
```

(30)
```
    4
+   5
____
```

(1) 9 + 8

(2) 6 + 6

(3) 1 + 7

(4) 5 + 4

(5) 5 + 7

(6) 4 + 9

(7) 7 + 5

(8) 7 + 8

(9) 2 + 5

(10) 2 + 1

(11) 9 + 1

(12) 1 + 9

(13) 9 + 3

(14) 6 + 6

(15) 8 + 8

(16) 3 + 4

(17) 1 + 2

(18) 4 + 1

(19) 8 + 3

(20) 5 + 6

(21) 7 + 6

(22) 9 + 8

(23) 9 + 4

(24) 1 + 3

(25) 5 + 2

(26) 6 + 1

(27) 9 + 3

(28) 1 + 2

(29) 7 + 6

(30) 3 + 2

(1)
```
    9
+   6
_____
```

(2)
```
    2
+   6
_____
```

(3)
```
    3
+   7
_____
```

(4)
```
    4
+   5
_____
```

(5)
```
    5
+   8
_____
```

(6)
```
    1
+   8
_____
```

(7)
```
    6
+   4
_____
```

(8)
```
    7
+   5
_____
```

(9)
```
    6
+   1
_____
```

(10)
```
    5
+   1
_____
```

(11)
```
    7
+   1
_____
```

(12)
```
    7
+   3
_____
```

(13)
```
    1
+   2
_____
```

(14)
```
    7
+   2
_____
```

(15)
```
    1
+   6
_____
```

(16)
```
    6
+   3
_____
```

(17)
```
    4
+   9
_____
```

(18)
```
    6
+   7
_____
```

(19)
```
    7
+   7
_____
```

(20)
```
    3
+   4
_____
```

(21)
```
    1
+   4
_____
```

(22)
```
    7
+   8
_____
```

(23)
```
    1
+   4
_____
```

(24)
```
    2
+   8
_____
```

(25)
```
    5
+   8
_____
```

(26)
```
    7
+   4
_____
```

(27)
```
    1
+   9
_____
```

(28)
```
    1
+   2
_____
```

(29)
```
    8
+   4
_____
```

(30)
```
    6
+   2
_____
```

(1)
```
    9
+   9
_____
```

(2)
```
    1
+   8
_____
```

(3)
```
    7
+   2
_____
```

(4)
```
    5
+   4
_____
```

(5)
```
    5
+   1
_____
```

(6)
```
    4
+   4
_____
```

(7)
```
    4
+   5
_____
```

(8)
```
    9
+   2
_____
```

(9)
```
    1
+   3
_____
```

(10)
```
    8
+   8
_____
```

(11)
```
    4
+   1
_____
```

(12)
```
    9
+   9
_____
```

(13)
```
    3
+   3
_____
```

(14)
```
    2
+   4
_____
```

(15)
```
    9
+   1
_____
```

(16)
```
    6
+   5
_____
```

(17)
```
    4
+   9
_____
```

(18)
```
    2
+   7
_____
```

(19)
```
    3
+   8
_____
```

(20)
```
    8
+   5
_____
```

(21)
```
    7
+   4
_____
```

(22)
```
    6
+   2
_____
```

(23)
```
    8
+   3
_____
```

(24)
```
    1
+   2
_____
```

(25)
```
    5
+   8
_____
```

(26)
```
    2
+   2
_____
```

(27)
```
    1
+   4
_____
```

(28)
```
    2
+   8
_____
```

(29)
```
    9
+   1
_____
```

(30)
```
    4
+   2
_____
```

(1)
```
    3
+   1
─────
```

(2)
```
    1
+   5
─────
```

(3)
```
    1
+   9
─────
```

(4)
```
    6
+   6
─────
```

(5)
```
    5
+   5
─────
```

(6)
```
    4
+   9
─────
```

(7)
```
    2
+   1
─────
```

(8)
```
    2
+   1
─────
```

(9)
```
    9
+   7
─────
```

(10)
```
    7
+   3
─────
```

(11)
```
    4
+   7
─────
```

(12)
```
    7
+   1
─────
```

(13)
```
    2
+   3
─────
```

(14)
```
    7
+   5
─────
```

(15)
```
    4
+   5
─────
```

(16)
```
    8
+   2
─────
```

(17)
```
    7
+   7
─────
```

(18)
```
    1
+   4
─────
```

(19)
```
    4
+   4
─────
```

(20)
```
    1
+   6
─────
```

(21)
```
    2
+   5
─────
```

(22)
```
    6
+   6
─────
```

(23)
```
    1
+   7
─────
```

(24)
```
    3
+   6
─────
```

(25)
```
    4
+   8
─────
```

(26)
```
    3
+   5
─────
```

(27)
```
    2
+   4
─────
```

(28)
```
    6
+   4
─────
```

(29)
```
    5
+   9
─────
```

(30)
```
    3
+   1
─────
```

Day: 35

Name:

Date:

Time: :

Score: /30

Rating: ☆☆☆☆☆☆

(1) 7
   + 8

(2) 6
   + 4

(3) 9
   + 5

(4) 2
   + 5

(5) 6
   + 2

(6) 1
   + 8

(7) 6
   + 1

(8) 8
   + 1

(9) 4
   + 2

(10) 5
   + 7

(11) 9
   + 2

(12) 6
   + 7

(13) 2
   + 5

(14) 6
   + 8

(15) 6
   + 7

(16) 9
   + 8

(17) 5
   + 4

(18) 5
   + 8

(19) 1
   + 9

(20) 8
   + 9

(21) 9
   + 1

(22) 4
   + 3

(23) 8
   + 7

(24) 2
   + 2

(25) 9
   + 6

(26) 2
   + 6

(27) 2
   + 9

(28) 9
   + 5

(29) 7
   + 9

(30) 8
   + 4

(1) 4
   + 4

(2) 7
   + 9

(3) 3
   + 5

(4) 8
   + 5

(5) 5
   + 3

(6) 2
   + 3

(7) 8
   + 2

(8) 5
   + 1

(9) 6
   + 7

(10) 7
    + 2

(11) 1
    + 1

(12) 4
    + 2

(13) 3
    + 8

(14) 9
    + 4

(15) 7
    + 3

(16) 2
    + 3

(17) 6
    + 2

(18) 9
    + 3

(19) 1
    + 4

(20) 1
    + 1

(21) 3
    + 3

(22) 4
    + 4

(23) 8
    + 6

(24) 2
    + 2

(25) 7
    + 1

(26) 5
    + 8

(27) 3
    + 6

(28) 8
    + 2

(29) 5
    + 8

(30) 2
    + 1

(1)
$$9 + 2$$

(2)
$$3 + 1$$

(3)
$$6 + 2$$

(4)
$$3 + 8$$

(5)
$$1 + 3$$

(6)
$$3 + 8$$

(7)
$$1 + 1$$

(8)
$$5 + 4$$

(9)
$$2 + 7$$

(10)
$$6 + 5$$

(11)
$$4 + 2$$

(12)
$$2 + 4$$

(13)
$$9 + 2$$

(14)
$$6 + 1$$

(15)
$$8 + 7$$

(16)
$$6 + 4$$

(17)
$$7 + 1$$

(18)
$$4 + 2$$

(19)
$$3 + 4$$

(20)
$$2 + 5$$

(21)
$$1 + 6$$

(22)
$$7 + 2$$

(23)
$$9 + 5$$

(24)
$$9 + 3$$

(25)
$$9 + 3$$

(26)
$$9 + 3$$

(27)
$$2 + 2$$

(28)
$$9 + 2$$

(29)
$$8 + 3$$

(30)
$$2 + 9$$

(1)
```
    4
  + 1
_____
```

(2)
```
    3
  + 4
_____
```

(3)
```
    3
  + 6
_____
```

(4)
```
    4
  + 6
_____
```

(5)
```
    6
  + 9
_____
```

(6)
```
    4
  + 5
_____
```

(7)
```
    3
  + 3
_____
```

(8)
```
    5
  + 9
_____
```

(9)
```
    5
  + 3
_____
```

(10)
```
    9
  + 6
_____
```

(11)
```
    1
  + 8
_____
```

(12)
```
    6
  + 2
_____
```

(13)
```
    9
  + 3
_____
```

(14)
```
    4
  + 6
_____
```

(15)
```
    6
  + 8
_____
```

(16)
```
    4
  + 1
_____
```

(17)
```
    9
  + 4
_____
```

(18)
```
    9
  + 1
_____
```

(19)
```
    8
  + 3
_____
```

(20)
```
    5
  + 6
_____
```

(21)
```
    5
  + 5
_____
```

(22)
```
    1
  + 3
_____
```

(23)
```
    3
  + 5
_____
```

(24)
```
    7
  + 3
_____
```

(25)
```
    5
  + 6
_____
```

(26)
```
    4
  + 2
_____
```

(27)
```
    4
  + 5
_____
```

(28)
```
    7
  + 6
_____
```

(29)
```
    6
  + 7
_____
```

(30)
```
    1
  + 8
_____
```

Day:	39	Date:		Score:	/30
Name:		Time:	:	Rating:	☆☆☆☆☆☆

(1)
$$7 + 8$$

(2)
$$6 + 4$$

(3)
$$8 + 8$$

(4)
$$1 + 1$$

(5)
$$9 + 6$$

(6)
$$1 + 4$$

(7)
$$4 + 1$$

(8)
$$6 + 2$$

(9)
$$4 + 5$$

(10)
$$3 + 6$$

(11)
$$8 + 5$$

(12)
$$9 + 9$$

(13)
$$5 + 6$$

(14)
$$8 + 3$$

(15)
$$9 + 7$$

(16)
$$4 + 6$$

(17)
$$6 + 8$$

(18)
$$5 + 1$$

(19)
$$9 + 4$$

(20)
$$2 + 2$$

(21)
$$2 + 4$$

(22)
$$9 + 9$$

(23)
$$5 + 7$$

(24)
$$6 + 5$$

(25)
$$9 + 3$$

(26)
$$5 + 7$$

(27)
$$7 + 3$$

(28)
$$3 + 6$$

(29)
$$8 + 6$$

(30)
$$1 + 2$$

(1) 5   (2) 7   (3) 9   (4) 4   (5) 2
  + 8   + 6   + 7   + 7   + 4

(6) 4   (7) 2   (8) 5   (9) 8   (10) 5
  + 7   + 7   + 6   + 7   + 9

(11) 6   (12) 8   (13) 7   (14) 9   (15) 8
  + 4   + 5   + 4   + 9   + 3

(16) 2   (17) 3   (18) 2   (19) 2   (20) 5
  + 8   + 2   + 7   + 8   + 7

(21) 9   (22) 3   (23) 3   (24) 3   (25) 4
  + 6   + 9   + 9   + 1   + 5

(26) 7   (27) 2   (28) 6   (29) 5   (30) 8
  + 1   + 9   + 1   + 7   + 6

(1) 9
   + 1

(2) 6
   + 3

(3) 3
   + 5

(4) 1
   + 4

(5) 5
   + 3

(6) 5
   + 7

(7) 3
   + 2

(8) 3
   + 9

(9) 2
   + 6

(10) 2
    + 1

(11) 2
    + 8

(12) 2
    + 9

(13) 4
    + 7

(14) 2
    + 1

(15) 4
    + 8

(16) 3
    + 1

(17) 2
    + 1

(18) 2
    + 6

(19) 9
    + 8

(20) 2
    + 2

(21) 7
    + 6

(22) 2
    + 3

(23) 4
    + 9

(24) 8
    + 6

(25) 6
    + 6

(26) 2
    + 5

(27) 3
    + 7

(28) 4
    + 8

(29) 5
    + 6

(30) 7
    + 4

(1) 6
   + 4

(2) 2
   + 4

(3) 6
   + 4

(4) 9
   + 9

(5) 5
   + 9

(6) 9
   + 7

(7) 2
   + 1

(8) 9
   + 9

(9) 6
   + 3

(10) 9
    + 6

(11) 2
    + 9

(12) 9
    + 5

(13) 6
    + 2

(14) 6
    + 3

(15) 3
    + 6

(16) 4
    + 4

(17) 2
    + 4

(18) 3
    + 6

(19) 3
    + 4

(20) 6
    + 6

(21) 5
    + 4

(22) 4
    + 1

(23) 3
    + 7

(24) 3
    + 8

(25) 5
    + 8

(26) 3
    + 3

(27) 3
    + 5

(28) 9
    + 9

(29) 7
    + 2

(30) 8
    + 2

(1) 6
  + 7

(2) 4
  + 6

(3) 1
  + 6

(4) 7
  + 2

(5) 4
  + 9

(6) 8
  + 9

(7) 9
  + 5

(8) 9
  + 6

(9) 3
  + 6

(10) 5
  + 3

(11) 2
  + 9

(12) 1
  + 4

(13) 8
  + 1

(14) 5
  + 6

(15) 9
  + 4

(16) 5
  + 7

(17) 3
  + 5

(18) 2
  + 6

(19) 5
  + 6

(20) 2
  + 5

(21) 8
  + 3

(22) 5
  + 7

(23) 7
  + 3

(24) 6
  + 2

(25) 5
  + 9

(26) 5
  + 3

(27) 2
  + 2

(28) 6
  + 8

(29) 3
  + 2

(30) 8
  + 7

(1)
$$\begin{array}{r} 7 \\ +\ \ 8 \\ \hline \end{array}$$

(2)
$$\begin{array}{r} 7 \\ +\ \ 9 \\ \hline \end{array}$$

(3)
$$\begin{array}{r} 5 \\ +\ \ 2 \\ \hline \end{array}$$

(4)
$$\begin{array}{r} 5 \\ +\ \ 8 \\ \hline \end{array}$$

(5)
$$\begin{array}{r} 8 \\ +\ \ 1 \\ \hline \end{array}$$

(6)
$$\begin{array}{r} 7 \\ +\ \ 9 \\ \hline \end{array}$$

(7)
$$\begin{array}{r} 4 \\ +\ \ 9 \\ \hline \end{array}$$

(8)
$$\begin{array}{r} 3 \\ +\ \ 4 \\ \hline \end{array}$$

(9)
$$\begin{array}{r} 1 \\ +\ \ 3 \\ \hline \end{array}$$

(10)
$$\begin{array}{r} 2 \\ +\ \ 9 \\ \hline \end{array}$$

(11)
$$\begin{array}{r} 2 \\ +\ \ 1 \\ \hline \end{array}$$

(12)
$$\begin{array}{r} 6 \\ +\ \ 4 \\ \hline \end{array}$$

(13)
$$\begin{array}{r} 5 \\ +\ \ 8 \\ \hline \end{array}$$

(14)
$$\begin{array}{r} 3 \\ +\ \ 1 \\ \hline \end{array}$$

(15)
$$\begin{array}{r} 3 \\ +\ \ 4 \\ \hline \end{array}$$

(16)
$$\begin{array}{r} 9 \\ +\ \ 6 \\ \hline \end{array}$$

(17)
$$\begin{array}{r} 1 \\ +\ \ 9 \\ \hline \end{array}$$

(18)
$$\begin{array}{r} 2 \\ +\ \ 4 \\ \hline \end{array}$$

(19)
$$\begin{array}{r} 1 \\ +\ \ 8 \\ \hline \end{array}$$

(20)
$$\begin{array}{r} 2 \\ +\ \ 3 \\ \hline \end{array}$$

(21)
$$\begin{array}{r} 6 \\ +\ \ 9 \\ \hline \end{array}$$

(22)
$$\begin{array}{r} 1 \\ +\ \ 4 \\ \hline \end{array}$$

(23)
$$\begin{array}{r} 9 \\ +\ \ 7 \\ \hline \end{array}$$

(24)
$$\begin{array}{r} 8 \\ +\ \ 5 \\ \hline \end{array}$$

(25)
$$\begin{array}{r} 8 \\ +\ \ 4 \\ \hline \end{array}$$

(26)
$$\begin{array}{r} 9 \\ +\ \ 9 \\ \hline \end{array}$$

(27)
$$\begin{array}{r} 1 \\ +\ \ 3 \\ \hline \end{array}$$

(28)
$$\begin{array}{r} 9 \\ +\ \ 7 \\ \hline \end{array}$$

(29)
$$\begin{array}{r} 3 \\ +\ \ 9 \\ \hline \end{array}$$

(30)
$$\begin{array}{r} 1 \\ +\ \ 7 \\ \hline \end{array}$$

(1)
$$4 + 1$$

(2)
$$6 + 9$$

(3)
$$4 + 6$$

(4)
$$3 + 8$$

(5)
$$8 + 4$$

(6)
$$2 + 6$$

(7)
$$8 + 1$$

(8)
$$6 + 6$$

(9)
$$4 + 5$$

(10)
$$8 + 4$$

(11)
$$7 + 3$$

(12)
$$9 + 6$$

(13)
$$7 + 3$$

(14)
$$1 + 7$$

(15)
$$1 + 1$$

(16)
$$8 + 8$$

(17)
$$7 + 7$$

(18)
$$1 + 1$$

(19)
$$6 + 8$$

(20)
$$6 + 3$$

(21)
$$5 + 4$$

(22)
$$5 + 1$$

(23)
$$6 + 4$$

(24)
$$2 + 5$$

(25)
$$2 + 8$$

(26)
$$1 + 9$$

(27)
$$3 + 1$$

(28)
$$3 + 9$$

(29)
$$7 + 1$$

(30)
$$9 + 1$$

(1)   1
   +   2

(2)   5
   +   4

(3)   3
   +   2

(4)   9
   +   2

(5)   6
   +   7

(6)   5
   +   6

(7)   8
   +   2

(8)   9
   +   2

(9)   6
   +   4

(10)   8
   +   3

(11)   6
   +   5

(12)   3
   +   9

(13)   8
   +   2

(14)   3
   +   2

(15)   2
   +   1

(16)   8
   +   8

(17)   6
   +   6

(18)   7
   +   1

(19)   4
   +   3

(20)   8
   +   7

(21)   7
   +   7

(22)   9
   +   5

(23)   7
   +   6

(24)   2
   +   6

(25)   2
   +   4

(26)   1
   +   7

(27)   8
   +   9

(28)   1
   +   7

(29)   6
   +   3

(30)   9
   +   1

(1)
```
    8
+   2
─────
```

(2)
```
    5
+   3
─────
```

(3)
```
    4
+   7
─────
```

(4)
```
    8
+   9
─────
```

(5)
```
    4
+   9
─────
```

(6)
```
    7
+   8
─────
```

(7)
```
    2
+   5
─────
```

(8)
```
    4
+   4
─────
```

(9)
```
    9
+   7
─────
```

(10)
```
    4
+   8
─────
```

(11)
```
    8
+   2
─────
```

(12)
```
    6
+   3
─────
```

(13)
```
    6
+   5
─────
```

(14)
```
    9
+   4
─────
```

(15)
```
    7
+   4
─────
```

(16)
```
    6
+   1
─────
```

(17)
```
    5
+   2
─────
```

(18)
```
    1
+   2
─────
```

(19)
```
    9
+   1
─────
```

(20)
```
    7
+   1
─────
```

(21)
```
    9
+   7
─────
```

(22)
```
    4
+   6
─────
```

(23)
```
    9
+   6
─────
```

(24)
```
    1
+   5
─────
```

(25)
```
    4
+   5
─────
```

(26)
```
    1
+   8
─────
```

(27)
```
    8
+   6
─────
```

(28)
```
    2
+   7
─────
```

(29)
```
    8
+   5
─────
```

(30)
```
    6
+   8
─────
```

(1)
```
    6
+   5
―――――
```

(2)
```
    2
+   1
―――――
```

(3)
```
    4
+   8
―――――
```

(4)
```
    6
+   1
―――――
```

(5)
```
    6
+   7
―――――
```

(6)
```
    9
+   4
―――――
```

(7)
```
    1
+   3
―――――
```

(8)
```
    9
+   7
―――――
```

(9)
```
    1
+   9
―――――
```

(10)
```
    6
+   6
―――――
```

(11)
```
    6
+   8
―――――
```

(12)
```
    2
+   9
―――――
```

(13)
```
    9
+   9
―――――
```

(14)
```
    1
+   4
―――――
```

(15)
```
    6
+   8
―――――
```

(16)
```
    5
+   4
―――――
```

(17)
```
    5
+   1
―――――
```

(18)
```
    7
+   1
―――――
```

(19)
```
    1
+   7
―――――
```

(20)
```
    1
+   7
―――――
```

(21)
```
    7
+   4
―――――
```

(22)
```
    6
+   6
―――――
```

(23)
```
    1
+   4
―――――
```

(24)
```
    6
+   2
―――――
```

(25)
```
    1
+   9
―――――
```

(26)
```
    4
+   2
―――――
```

(27)
```
    5
+   5
―――――
```

(28)
```
    3
+   5
―――――
```

(29)
```
    7
+   9
―――――
```

(30)
```
    7
+   3
―――――
```

Day: 49

Date:

Score: /30

Name:

Time: :

Rating: ☆☆☆☆☆

(1)
$$\begin{array}{r} 8 \\ + \ 9 \\ \hline \end{array}$$

(2)
$$\begin{array}{r} 6 \\ + \ 6 \\ \hline \end{array}$$

(3)
$$\begin{array}{r} 2 \\ + \ 8 \\ \hline \end{array}$$

(4)
$$\begin{array}{r} 3 \\ + \ 5 \\ \hline \end{array}$$

(5)
$$\begin{array}{r} 2 \\ + \ 7 \\ \hline \end{array}$$

(6)
$$\begin{array}{r} 2 \\ + \ 9 \\ \hline \end{array}$$

(7)
$$\begin{array}{r} 7 \\ + \ 1 \\ \hline \end{array}$$

(8)
$$\begin{array}{r} 7 \\ + \ 2 \\ \hline \end{array}$$

(9)
$$\begin{array}{r} 5 \\ + \ 2 \\ \hline \end{array}$$

(10)
$$\begin{array}{r} 6 \\ + \ 4 \\ \hline \end{array}$$

(11)
$$\begin{array}{r} 3 \\ + \ 3 \\ \hline \end{array}$$

(12)
$$\begin{array}{r} 7 \\ + \ 9 \\ \hline \end{array}$$

(13)
$$\begin{array}{r} 2 \\ + \ 6 \\ \hline \end{array}$$

(14)
$$\begin{array}{r} 1 \\ + \ 8 \\ \hline \end{array}$$

(15)
$$\begin{array}{r} 6 \\ + \ 2 \\ \hline \end{array}$$

(16)
$$\begin{array}{r} 1 \\ + \ 5 \\ \hline \end{array}$$

(17)
$$\begin{array}{r} 9 \\ + \ 8 \\ \hline \end{array}$$

(18)
$$\begin{array}{r} 6 \\ + \ 7 \\ \hline \end{array}$$

(19)
$$\begin{array}{r} 8 \\ + \ 4 \\ \hline \end{array}$$

(20)
$$\begin{array}{r} 6 \\ + \ 3 \\ \hline \end{array}$$

(21)
$$\begin{array}{r} 7 \\ + \ 3 \\ \hline \end{array}$$

(22)
$$\begin{array}{r} 2 \\ + \ 7 \\ \hline \end{array}$$

(23)
$$\begin{array}{r} 7 \\ + \ 8 \\ \hline \end{array}$$

(24)
$$\begin{array}{r} 7 \\ + \ 8 \\ \hline \end{array}$$

(25)
$$\begin{array}{r} 5 \\ + \ 4 \\ \hline \end{array}$$

(26)
$$\begin{array}{r} 1 \\ + \ 8 \\ \hline \end{array}$$

(27)
$$\begin{array}{r} 6 \\ + \ 2 \\ \hline \end{array}$$

(28)
$$\begin{array}{r} 5 \\ + \ 8 \\ \hline \end{array}$$

(29)
$$\begin{array}{r} 7 \\ + \ 9 \\ \hline \end{array}$$

(30)
$$\begin{array}{r} 5 \\ + \ 7 \\ \hline \end{array}$$

(1)　　7
　+　3

(2)　　6
　+　5

(3)　　6
　+　6

(4)　　1
　+　3

(5)　　7
　+　1

(6)　　7
　+　4

(7)　　6
　+　8

(8)　　6
　+　4

(9)　　7
　+　3

(10)　　8
　+　2

(11)　　1
　+　3

(12)　　9
　+　7

(13)　　1
　+　1

(14)　　8
　+　3

(15)　　9
　+　2

(16)　　4
　+　8

(17)　　8
　+　9

(18)　　3
　+　6

(19)　　6
　+　4

(20)　　7
　+　6

(21)　　1
　+　8

(22)　　5
　+　3

(23)　　5
　+　9

(24)　　3
　+　1

(25)　　2
　+　9

(26)　　2
　+　4

(27)　　6
　+　7

(28)　　5
　+　6

(29)　　4
　+　4

(30)　　8
　+　3

(1)
```
   6
+  1
____
```

(2)
```
   1
+  6
____
```

(3)
```
   9
+  8
____
```

(4)
```
   3
+  7
____
```

(5)
```
   4
+  9
____
```

(6)
```
   2
+  8
____
```

(7)
```
   6
+  8
____
```

(8)
```
   1
+  1
____
```

(9)
```
   7
+  5
____
```

(10)
```
   1
+  4
____
```

(11)
```
   6
+  6
____
```

(12)
```
   1
+  3
____
```

(13)
```
   7
+  7
____
```

(14)
```
   3
+  5
____
```

(15)
```
   8
+  3
____
```

(16)
```
   5
+  9
____
```

(17)
```
   7
+  9
____
```

(18)
```
   5
+  2
____
```

(19)
```
   3
+  5
____
```

(20)
```
   2
+  4
____
```

(21)
```
   2
+  8
____
```

(22)
```
   5
+  2
____
```

(23)
```
   5
+  3
____
```

(24)
```
   3
+  7
____
```

(25)
```
   3
+  6
____
```

(26)
```
   4
+  8
____
```

(27)
```
   3
+  3
____
```

(28)
```
   1
+  3
____
```

(29)
```
   3
+  7
____
```

(30)
```
   3
+  4
____
```

(1)
```
   6
-  4
_____
```

(2)
```
   9
-  3
_____
```

(3)
```
   9
-  5
_____
```

(4)
```
   7
-  2
_____
```

(5)
```
   7
-  6
_____
```

(6)
```
   2
-  1
_____
```

(7)
```
   9
-  8
_____
```

(8)
```
   9
-  6
_____
```

(9)
```
   9
-  1
_____
```

(10)
```
   3
-  2
_____
```

(11)
```
   4
-  1
_____
```

(12)
```
   7
-  4
_____
```

(13)
```
   9
-  2
_____
```

(14)
```
   4
-  3
_____
```

(15)
```
   6
-  5
_____
```

(16)
```
   6
-  5
_____
```

(17)
```
   8
-  5
_____
```

(18)
```
   6
-  2
_____
```

(19)
```
   7
-  2
_____
```

(20)
```
   8
-  4
_____
```

(21)
```
   9
-  6
_____
```

(22)
```
   2
-  1
_____
```

(23)
```
   6
-  6
_____
```

(24)
```
   7
-  5
_____
```

(25)
```
   7
-  6
_____
```

(26)
```
   4
-  3
_____
```

(27)
```
   9
-  3
_____
```

(28)
```
   4
-  3
_____
```

(29)
```
   8
-  1
_____
```

(30)
```
   8
-  3
_____
```

(1)
```
   5
-  3
----
```

(2)
```
   7
-  5
----
```

(3)
```
   6
-  3
----
```

(4)
```
   8
-  2
----
```

(5)
```
   5
-  4
----
```

(6)
```
   7
-  3
----
```

(7)
```
   9
-  6
----
```

(8)
```
   8
-  4
----
```

(9)
```
   7
-  7
----
```

(10)
```
   9
-  6
----
```

(11)
```
   9
-  4
----
```

(12)
```
   9
-  5
----
```

(13)
```
   5
-  1
----
```

(14)
```
   8
-  5
----
```

(15)
```
   6
-  3
----
```

(16)
```
   6
-  2
----
```

(17)
```
   6
-  3
----
```

(18)
```
   7
-  5
----
```

(19)
```
   9
-  1
----
```

(20)
```
   6
-  5
----
```

(21)
```
   7
-  5
----
```

(22)
```
   8
-  5
----
```

(23)
```
   7
-  4
----
```

(24)
```
   7
-  1
----
```

(25)
```
   5
-  2
----
```

(26)
```
   6
-  4
----
```

(27)
```
   8
-  4
----
```

(28)
```
   8
-  7
----
```

(29)
```
   8
-  6
----
```

(30)
```
   7
-  3
----
```

(1)   8
      - 7

(2)   9
      - 2

(3)   9
      - 5

(4)   4
      - 3

(5)   3
      - 1

(6)   7
      - 6

(7)   9
      - 5

(8)   2
      - 2

(9)   8
      - 7

(10)   9
      - 9

(11)   3
      - 1

(12)   2
      - 2

(13)   9
      - 3

(14)   3
      - 1

(15)   9
      - 1

(16)   7
      - 2

(17)   6
      - 5

(18)   9
      - 3

(19)   4
      - 3

(20)   5
      - 5

(21)   9
      - 6

(22)   6
      - 1

(23)   6
      - 3

(24)   5
      - 1

(25)   5
      - 1

(26)   9
      - 6

(27)   9
      - 3

(28)   4
      - 2

(29)   6
      - 5

(30)   8
      - 2

(1)
```
    5
-   2
_____
```

(2)
```
    8
-   7
_____
```

(3)
```
    9
-   7
_____
```

(4)
```
    7
-   7
_____
```

(5)
```
    5
-   4
_____
```

(6)
```
    9
-   4
_____
```

(7)
```
    4
-   4
_____
```

(8)
```
    8
-   3
_____
```

(9)
```
    7
-   3
_____
```

(10)
```
    9
-   3
_____
```

(11)
```
    5
-   3
_____
```

(12)
```
    9
-   8
_____
```

(13)
```
    9
-   3
_____
```

(14)
```
    5
-   5
_____
```

(15)
```
    7
-   2
_____
```

(16)
```
    8
-   6
_____
```

(17)
```
    7
-   2
_____
```

(18)
```
    8
-   5
_____
```

(19)
```
    4
-   4
_____
```

(20)
```
    8
-   7
_____
```

(21)
```
    6
-   1
_____
```

(22)
```
    7
-   6
_____
```

(23)
```
    2
-   1
_____
```

(24)
```
    5
-   3
_____
```

(25)
```
    2
-   2
_____
```

(26)
```
    3
-   1
_____
```

(27)
```
    7
-   5
_____
```

(28)
```
    7
-   4
_____
```

(29)
```
    6
-   6
_____
```

(30)
```
    8
-   6
_____
```

(1)　　 4
　 −　 1

(2)　　 9
　 −　 5

(3)　　 3
　 −　 3

(4)　　 9
　 −　 1

(5)　　 8
　 −　 7

(6)　　 9
　 −　 4

(7)　　 7
　 −　 2

(8)　　 9
　 −　 2

(9)　　 7
　 −　 6

(10)　　 5
　 −　 2

(11)　　 6
　 −　 3

(12)　　 9
　 −　 9

(13)　　 3
　 −　 1

(14)　　 8
　 −　 7

(15)　　 7
　 −　 1

(16)　　 7
　 −　 6

(17)　　 8
　 −　 6

(18)　　 9
　 −　 8

(19)　　 7
　 −　 3

(20)　　 9
　 −　 2

(21)　　 5
　 −　 4

(22)　　 6
　 −　 6

(23)　　 8
　 −　 5

(24)　　 7
　 −　 2

(25)　　 6
　 −　 1

(26)　　 8
　 −　 5

(27)　　 4
　 −　 2

(28)　　 8
　 −　 5

(29)　　 9
　 −　 8

(30)　　 8
　 −　 5

(1)
$$9 - 1$$

(2)
$$6 - 6$$

(3)
$$7 - 4$$

(4)
$$7 - 6$$

(5)
$$8 - 4$$

(6)
$$8 - 7$$

(7)
$$9 - 5$$

(8)
$$7 - 2$$

(9)
$$4 - 1$$

(10)
$$8 - 5$$

(11)
$$4 - 2$$

(12)
$$8 - 6$$

(13)
$$9 - 8$$

(14)
$$9 - 7$$

(15)
$$6 - 2$$

(16)
$$6 - 1$$

(17)
$$9 - 3$$

(18)
$$5 - 5$$

(19)
$$9 - 5$$

(20)
$$3 - 3$$

(21)
$$4 - 2$$

(22)
$$5 - 4$$

(23)
$$5 - 5$$

(24)
$$6 - 2$$

(25)
$$7 - 1$$

(26)
$$7 - 5$$

(27)
$$1 - 1$$

(28)
$$6 - 6$$

(29)
$$4 - 1$$

(30)
$$8 - 1$$

(1)
```
    5
  - 4
_____
```

(2)
```
    2
  - 2
_____
```

(3)
```
    8
  - 2
_____
```

(4)
```
    9
  - 5
_____
```

(5)
```
    9
  - 4
_____
```

(6)
```
    9
  - 3
_____
```

(7)
```
    7
  - 6
_____
```

(8)
```
    6
  - 4
_____
```

(9)
```
    6
  - 2
_____
```

(10)
```
    4
  - 3
_____
```

(11)
```
    9
  - 9
_____
```

(12)
```
    6
  - 6
_____
```

(13)
```
    8
  - 8
_____
```

(14)
```
    2
  - 2
_____
```

(15)
```
    1
  - 1
_____
```

(16)
```
    6
  - 5
_____
```

(17)
```
    8
  - 2
_____
```

(18)
```
    7
  - 7
_____
```

(19)
```
    8
  - 6
_____
```

(20)
```
    8
  - 3
_____
```

(21)
```
    9
  - 9
_____
```

(22)
```
    8
  - 3
_____
```

(23)
```
    8
  - 4
_____
```

(24)
```
    8
  - 2
_____
```

(25)
```
    3
  - 3
_____
```

(26)
```
    7
  - 6
_____
```

(27)
```
    7
  - 1
_____
```

(28)
```
    3
  - 1
_____
```

(29)
```
    4
  - 2
_____
```

(30)
```
    4
  - 3
_____
```

(1)
$$5 - 4$$

(2)
$$7 - 6$$

(3)
$$7 - 3$$

(4)
$$5 - 2$$

(5)
$$4 - 1$$

(6)
$$9 - 8$$

(7)
$$9 - 3$$

(8)
$$9 - 6$$

(9)
$$9 - 5$$

(10)
$$5 - 1$$

(11)
$$4 - 1$$

(12)
$$5 - 4$$

(13)
$$8 - 1$$

(14)
$$6 - 5$$

(15)
$$6 - 2$$

(16)
$$9 - 8$$

(17)
$$6 - 6$$

(18)
$$3 - 1$$

(19)
$$7 - 2$$

(20)
$$9 - 1$$

(21)
$$7 - 1$$

(22)
$$7 - 3$$

(23)
$$9 - 2$$

(24)
$$8 - 4$$

(25)
$$9 - 1$$

(26)
$$9 - 5$$

(27)
$$9 - 5$$

(28)
$$9 - 5$$

(29)
$$5 - 5$$

(30)
$$5 - 1$$

(1)
$$\begin{array}{r} 8 \\ -\ 2 \\ \hline \end{array}$$

(2)
$$\begin{array}{r} 6 \\ -\ 5 \\ \hline \end{array}$$

(3)
$$\begin{array}{r} 7 \\ -\ 5 \\ \hline \end{array}$$

(4)
$$\begin{array}{r} 4 \\ -\ 4 \\ \hline \end{array}$$

(5)
$$\begin{array}{r} 2 \\ -\ 1 \\ \hline \end{array}$$

(6)
$$\begin{array}{r} 8 \\ -\ 5 \\ \hline \end{array}$$

(7)
$$\begin{array}{r} 7 \\ -\ 6 \\ \hline \end{array}$$

(8)
$$\begin{array}{r} 8 \\ -\ 5 \\ \hline \end{array}$$

(9)
$$\begin{array}{r} 9 \\ -\ 8 \\ \hline \end{array}$$

(10)
$$\begin{array}{r} 4 \\ -\ 2 \\ \hline \end{array}$$

(11)
$$\begin{array}{r} 7 \\ -\ 2 \\ \hline \end{array}$$

(12)
$$\begin{array}{r} 7 \\ -\ 5 \\ \hline \end{array}$$

(13)
$$\begin{array}{r} 4 \\ -\ 3 \\ \hline \end{array}$$

(14)
$$\begin{array}{r} 1 \\ -\ 1 \\ \hline \end{array}$$

(15)
$$\begin{array}{r} 7 \\ -\ 1 \\ \hline \end{array}$$

(16)
$$\begin{array}{r} 8 \\ -\ 7 \\ \hline \end{array}$$

(17)
$$\begin{array}{r} 9 \\ -\ 6 \\ \hline \end{array}$$

(18)
$$\begin{array}{r} 4 \\ -\ 4 \\ \hline \end{array}$$

(19)
$$\begin{array}{r} 7 \\ -\ 3 \\ \hline \end{array}$$

(20)
$$\begin{array}{r} 9 \\ -\ 6 \\ \hline \end{array}$$

(21)
$$\begin{array}{r} 9 \\ -\ 5 \\ \hline \end{array}$$

(22)
$$\begin{array}{r} 6 \\ -\ 3 \\ \hline \end{array}$$

(23)
$$\begin{array}{r} 9 \\ -\ 9 \\ \hline \end{array}$$

(24)
$$\begin{array}{r} 4 \\ -\ 1 \\ \hline \end{array}$$

(25)
$$\begin{array}{r} 7 \\ -\ 3 \\ \hline \end{array}$$

(26)
$$\begin{array}{r} 8 \\ -\ 4 \\ \hline \end{array}$$

(27)
$$\begin{array}{r} 1 \\ -\ 1 \\ \hline \end{array}$$

(28)
$$\begin{array}{r} 6 \\ -\ 4 \\ \hline \end{array}$$

(29)
$$\begin{array}{r} 6 \\ -\ 5 \\ \hline \end{array}$$

(30)
$$\begin{array}{r} 7 \\ -\ 5 \\ \hline \end{array}$$

(1) 4   (2) 7   (3) 5   (4) 5   (5) 6
  - 3   - 4   - 1   - 1   - 4

(6) 6   (7) 6   (8) 8   (9) 3   (10) 9
  - 3   - 2   - 6   - 1   - 5

(11) 2   (12) 4   (13) 6   (14) 9   (15) 4
  - 1   - 2   - 1   - 2   - 4

(16) 9   (17) 9   (18) 5   (19) 7   (20) 7
  - 7   - 7   - 3   - 6   - 3

(21) 3   (22) 6   (23) 9   (24) 9   (25) 3
  - 1   - 2   - 6   - 3   - 2

(26) 8   (27) 2   (28) 6   (29) 9   (30) 7
  - 4   - 1   - 3   - 5   - 5

(1)
```
   8
-  1
_____
```

(2)
```
   8
-  8
_____
```

(3)
```
   9
-  8
_____
```

(4)
```
   8
-  5
_____
```

(5)
```
   9
-  2
_____
```

(6)
```
   8
-  5
_____
```

(7)
```
   5
-  4
_____
```

(8)
```
   3
-  2
_____
```

(9)
```
   8
-  2
_____
```

(10)
```
   6
-  4
_____
```

(11)
```
   7
-  4
_____
```

(12)
```
   5
-  2
_____
```

(13)
```
   7
-  5
_____
```

(14)
```
   9
-  3
_____
```

(15)
```
   9
-  7
_____
```

(16)
```
   7
-  1
_____
```

(17)
```
   2
-  1
_____
```

(18)
```
   6
-  6
_____
```

(19)
```
   7
-  3
_____
```

(20)
```
   8
-  7
_____
```

(21)
```
   6
-  1
_____
```

(22)
```
   9
-  6
_____
```

(23)
```
   8
-  1
_____
```

(24)
```
   8
-  2
_____
```

(25)
```
   8
-  8
_____
```

(26)
```
   5
-  1
_____
```

(27)
```
   5
-  1
_____
```

(28)
```
   6
-  3
_____
```

(29)
```
   1
-  1
_____
```

(30)
```
   8
-  1
_____
```

(1)   4   (2)   8   (3)   9   (4)   6   (5)   5
  - 2   - 1   - 6   - 4   - 2

(6)   2   (7)   5   (8)   8   (9)   8   (10)   9
  - 1   - 3   - 6   - 3   - 7

(11)   8   (12)   6   (13)   7   (14)   4   (15)   5
  - 2   - 5   - 2   - 3   - 4

(16)   8   (17)   7   (18)   8   (19)   9   (20)   6
  - 2   - 3   - 2   - 8   - 2

(21)   6   (22)   9   (23)   7   (24)   2   (25)   6
  - 3   - 9   - 1   - 2   - 3

(26)   4   (27)   4   (28)   9   (29)   3   (30)   6
  - 2   - 1   - 2   - 2   - 1

(1) 5
   - 1

(2) 7
   - 5

(3) 5
   - 3

(4) 6
   - 3

(5) 7
   - 6

(6) 4
   - 3

(7) 3
   - 1

(8) 1
   - 1

(9) 8
   - 6

(10) 8
   - 7

(11) 8
   - 1

(12) 5
   - 2

(13) 2
   - 2

(14) 7
   - 4

(15) 7
   - 7

(16) 7
   - 6

(17) 7
   - 6

(18) 5
   - 3

(19) 2
   - 1

(20) 6
   - 1

(21) 2
   - 1

(22) 6
   - 5

(23) 7
   - 6

(24) 9
   - 3

(25) 8
   - 1

(26) 7
   - 6

(27) 8
   - 2

(28) 6
   - 4

(29) 4
   - 2

(30) 7
   - 2

(1) 7 − 1

(2) 7 − 1

(3) 6 − 4

(4) 7 − 4

(5) 3 − 1

(6) 9 − 7

(7) 7 − 1

(8) 9 − 3

(9) 8 − 7

(10) 9 − 1

(11) 6 − 3

(12) 6 − 4

(13) 4 − 1

(14) 9 − 4

(15) 9 − 5

(16) 7 − 2

(17) 6 − 3

(18) 6 − 3

(19) 7 − 6

(20) 9 − 4

(21) 7 − 4

(22) 7 − 2

(23) 8 − 3

(24) 9 − 7

(25) 6 − 6

(26) 8 − 6

(27) 4 − 4

(28) 5 − 4

(29) 5 − 3

(30) 9 − 4

(1) 6 − 5

(2) 8 − 2

(3) 4 − 2

(4) 8 − 8

(5) 7 − 5

(6) 9 − 5

(7) 5 − 3

(8) 9 − 6

(9) 7 − 2

(10) 9 − 8

(11) 3 − 3

(12) 6 − 2

(13) 8 − 6

(14) 8 − 1

(15) 8 − 5

(16) 3 − 1

(17) 7 − 3

(18) 4 − 2

(19) 9 − 2

(20) 3 − 3

(21) 4 − 4

(22) 8 − 8

(23) 9 − 8

(24) 6 − 4

(25) 9 − 7

(26) 9 − 6

(27) 3 − 3

(28) 9 − 5

(29) 9 − 6

(30) 8 − 4

(1)   7
    − 4

(2)   2
    − 1

(3)   6
    − 4

(4)   8
    − 5

(5)   6
    − 1

(6)   6
    − 1

(7)   8
    − 7

(8)   3
    − 2

(9)   4
    − 2

(10)   8
    − 8

(11)   6
    − 1

(12)   7
    − 2

(13)   5
    − 3

(14)   9
    − 2

(15)   9
    − 8

(16)   5
    − 1

(17)   3
    − 1

(18)   6
    − 2

(19)   9
    − 3

(20)   9
    − 1

(21)   6
    − 3

(22)   8
    − 4

(23)   6
    − 2

(24)   9
    − 2

(25)   9
    − 4

(26)   6
    − 5

(27)   8
    − 3

(28)   7
    − 3

(29)   8
    − 1

(30)   9
    − 2

(1)
$$7 - 6$$

(2)
$$4 - 4$$

(3)
$$6 - 1$$

(4)
$$9 - 1$$

(5)
$$8 - 5$$

(6)
$$9 - 4$$

(7)
$$3 - 2$$

(8)
$$2 - 1$$

(9)
$$7 - 4$$

(10)
$$5 - 2$$

(11)
$$7 - 3$$

(12)
$$8 - 8$$

(13)
$$5 - 3$$

(14)
$$2 - 2$$

(15)
$$8 - 7$$

(16)
$$7 - 2$$

(17)
$$9 - 1$$

(18)
$$9 - 7$$

(19)
$$6 - 3$$

(20)
$$5 - 2$$

(21)
$$9 - 1$$

(22)
$$4 - 4$$

(23)
$$3 - 2$$

(24)
$$5 - 4$$

(25)
$$5 - 1$$

(26)
$$6 - 3$$

(27)
$$9 - 4$$

(28)
$$8 - 5$$

(29)
$$7 - 6$$

(30)
$$3 - 3$$

(1)
$$9 - 1$$

(2)
$$3 - 2$$

(3)
$$8 - 6$$

(4)
$$7 - 3$$

(5)
$$7 - 5$$

(6)
$$6 - 1$$

(7)
$$7 - 1$$

(8)
$$6 - 1$$

(9)
$$6 - 5$$

(10)
$$3 - 1$$

(11)
$$8 - 3$$

(12)
$$5 - 3$$

(13)
$$7 - 2$$

(14)
$$4 - 2$$

(15)
$$8 - 7$$

(16)
$$6 - 2$$

(17)
$$3 - 1$$

(18)
$$6 - 4$$

(19)
$$7 - 5$$

(20)
$$9 - 7$$

(21)
$$5 - 5$$

(22)
$$8 - 7$$

(23)
$$7 - 4$$

(24)
$$9 - 2$$

(25)
$$5 - 3$$

(26)
$$1 - 1$$

(27)
$$6 - 3$$

(28)
$$5 - 3$$

(29)
$$5 - 2$$

(30)
$$8 - 7$$

(1)
```
   3
-  2
____
```

(2)
```
   7
-  5
____
```

(3)
```
   9
-  9
____
```

(4)
```
   6
-  3
____
```

(5)
```
   8
-  5
____
```

(6)
```
   3
-  3
____
```

(7)
```
   6
-  6
____
```

(8)
```
   3
-  1
____
```

(9)
```
   7
-  2
____
```

(10)
```
   7
-  1
____
```

(11)
```
   6
-  3
____
```

(12)
```
   8
-  1
____
```

(13)
```
   6
-  1
____
```

(14)
```
   8
-  1
____
```

(15)
```
   5
-  3
____
```

(16)
```
   9
-  5
____
```

(17)
```
   6
-  6
____
```

(18)
```
   7
-  2
____
```

(19)
```
   9
-  8
____
```

(20)
```
   7
-  2
____
```

(21)
```
   9
-  4
____
```

(22)
```
   6
-  3
____
```

(23)
```
   8
-  6
____
```

(24)
```
   8
-  4
____
```

(25)
```
   7
-  3
____
```

(26)
```
   5
-  5
____
```

(27)
```
   7
-  1
____
```

(28)
```
   7
-  1
____
```

(29)
```
   9
-  1
____
```

(30)
```
   2
-  1
____
```

(1)
$$\begin{array}{r} 3 \\ -\ 2 \\ \hline \end{array}$$

(2)
$$\begin{array}{r} 8 \\ -\ 6 \\ \hline \end{array}$$

(3)
$$\begin{array}{r} 6 \\ -\ 5 \\ \hline \end{array}$$

(4)
$$\begin{array}{r} 5 \\ -\ 4 \\ \hline \end{array}$$

(5)
$$\begin{array}{r} 9 \\ -\ 7 \\ \hline \end{array}$$

(6)
$$\begin{array}{r} 7 \\ -\ 5 \\ \hline \end{array}$$

(7)
$$\begin{array}{r} 8 \\ -\ 6 \\ \hline \end{array}$$

(8)
$$\begin{array}{r} 4 \\ -\ 3 \\ \hline \end{array}$$

(9)
$$\begin{array}{r} 8 \\ -\ 1 \\ \hline \end{array}$$

(10)
$$\begin{array}{r} 3 \\ -\ 1 \\ \hline \end{array}$$

(11)
$$\begin{array}{r} 9 \\ -\ 8 \\ \hline \end{array}$$

(12)
$$\begin{array}{r} 9 \\ -\ 1 \\ \hline \end{array}$$

(13)
$$\begin{array}{r} 4 \\ -\ 1 \\ \hline \end{array}$$

(14)
$$\begin{array}{r} 8 \\ -\ 3 \\ \hline \end{array}$$

(15)
$$\begin{array}{r} 4 \\ -\ 3 \\ \hline \end{array}$$

(16)
$$\begin{array}{r} 9 \\ -\ 4 \\ \hline \end{array}$$

(17)
$$\begin{array}{r} 5 \\ -\ 3 \\ \hline \end{array}$$

(18)
$$\begin{array}{r} 6 \\ -\ 4 \\ \hline \end{array}$$

(19)
$$\begin{array}{r} 8 \\ -\ 6 \\ \hline \end{array}$$

(20)
$$\begin{array}{r} 6 \\ -\ 2 \\ \hline \end{array}$$

(21)
$$\begin{array}{r} 4 \\ -\ 2 \\ \hline \end{array}$$

(22)
$$\begin{array}{r} 4 \\ -\ 1 \\ \hline \end{array}$$

(23)
$$\begin{array}{r} 2 \\ -\ 1 \\ \hline \end{array}$$

(24)
$$\begin{array}{r} 9 \\ -\ 6 \\ \hline \end{array}$$

(25)
$$\begin{array}{r} 7 \\ -\ 3 \\ \hline \end{array}$$

(26)
$$\begin{array}{r} 8 \\ -\ 1 \\ \hline \end{array}$$

(27)
$$\begin{array}{r} 9 \\ -\ 4 \\ \hline \end{array}$$

(28)
$$\begin{array}{r} 6 \\ -\ 1 \\ \hline \end{array}$$

(29)
$$\begin{array}{r} 9 \\ -\ 8 \\ \hline \end{array}$$

(30)
$$\begin{array}{r} 6 \\ -\ 5 \\ \hline \end{array}$$

(1)   9   (2)   9   (3)   3   (4)   8   (5)   7
    − 7   − 2   − 1   − 3   − 5

(6)   7   (7)   7   (8)   8   (9)   7   (10)   5
    − 1   − 6   − 2   − 5   − 3

(11) 9   (12) 8   (13) 7   (14) 9   (15)   4
    − 1   − 3   − 3   − 6   − 2

(16) 7   (17) 5   (18) 9   (19) 5   (20)   4
    − 7   − 2   − 6   − 3   − 2

(21) 9   (22) 6   (23) 8   (24) 5   (25)   8
    − 5   − 6   − 8   − 2   − 3

(26) 9   (27) 7   (28) 8   (29) 5   (30)   7
    − 2   − 2   − 6   − 2   − 1

(1) 6
   - 5
   ———

(2) 3
   - 1
   ———

(3) 6
   - 2
   ———

(4) 5
   - 5
   ———

(5) 9
   - 4
   ———

(6) 9
   - 6
   ———

(7) 9
   - 8
   ———

(8) 9
   - 1
   ———

(9) 5
   - 4
   ———

(10) 8
   - 4
   ———

(11) 4
   - 1
   ———

(12) 6
   - 3
   ———

(13) 6
   - 2
   ———

(14) 7
   - 3
   ———

(15) 4
   - 2
   ———

(16) 6
   - 3
   ———

(17) 9
   - 1
   ———

(18) 9
   - 1
   ———

(19) 4
   - 4
   ———

(20) 1
   - 1
   ———

(21) 9
   - 3
   ———

(22) 9
   - 4
   ———

(23) 7
   - 3
   ———

(24) 7
   - 4
   ———

(25) 6
   - 3
   ———

(26) 6
   - 2
   ———

(27) 9
   - 2
   ———

(28) 9
   - 5
   ———

(29) 2
   - 1
   ———

(30) 2
   - 1
   ———

(1) 8
  − 5

(2) 5
  − 3

(3) 3
  − 1

(4) 9
  − 7

(5) 4
  − 2

(6) 8
  − 5

(7) 7
  − 5

(8) 6
  − 4

(9) 7
  − 4

(10) 8
  − 3

(11) 9
  − 7

(12) 8
  − 5

(13) 7
  − 5

(14) 9
  − 7

(15) 4
  − 4

(16) 5
  − 1

(17) 5
  − 3

(18) 7
  − 3

(19) 8
  − 1

(20) 2
  − 2

(21) 4
  − 4

(22) 4
  − 1

(23) 7
  − 6

(24) 1
  − 1

(25) 8
  − 4

(26) 9
  − 5

(27) 3
  − 2

(28) 7
  − 3

(29) 9
  − 7

(30) 9
  − 2

(1) 9
  − 6

(2) 4
  − 2

(3) 8
  − 1

(4) 7
  − 2

(5) 8
  − 5

(6) 4
  − 3

(7) 8
  − 6

(8) 8
  − 4

(9) 9
  − 7

(10) 6
  − 4

(11) 5
  − 4

(12) 8
  − 6

(13) 6
  − 6

(14) 9
  − 9

(15) 7
  − 7

(16) 8
  − 2

(17) 7
  − 5

(18) 8
  − 5

(19) 8
  − 1

(20) 5
  − 3

(21) 6
  − 2

(22) 2
  − 1

(23) 6
  − 3

(24) 4
  − 2

(25) 8
  − 4

(26) 6
  − 2

(27) 7
  − 4

(28) 2
  − 1

(29) 3
  − 1

(30) 8
  − 4

(1) 6
  − 1

(2) 9
  − 3

(3) 4
  − 1

(4) 9
  − 6

(5) 5
  − 3

(6) 6
  − 1

(7) 5
  − 3

(8) 9
  − 6

(9) 5
  − 3

(10) 9
  − 1

(11) 5
  − 2

(12) 3
  − 2

(13) 9
  − 5

(14) 8
  − 1

(15) 4
  − 1

(16) 7
  − 5

(17) 2
  − 1

(18) 9
  − 1

(19) 5
  − 1

(20) 5
  − 5

(21) 9
  − 1

(22) 7
  − 5

(23) 9
  − 2

(24) 8
  − 8

(25) 8
  − 3

(26) 9
  − 4

(27) 4
  − 2

(28) 9
  − 1

(29) 5
  − 2

(30) 8
  − 6

(1) 8
  − 8
  ———

(2) 9
  − 1
  ———

(3) 7
  − 5
  ———

(4) 6
  − 1
  ———

(5) 7
  − 4
  ———

(6) 3
  − 3
  ———

(7) 6
  − 3
  ———

(8) 9
  − 8
  ———

(9) 4
  − 2
  ———

(10) 9
  − 1
  ———

(11) 8
  − 4
  ———

(12) 5
  − 2
  ———

(13) 7
  − 1
  ———

(14) 7
  − 2
  ———

(15) 2
  − 1
  ———

(16) 9
  − 4
  ———

(17) 5
  − 4
  ———

(18) 7
  − 4
  ———

(19) 9
  − 6
  ———

(20) 4
  − 1
  ———

(21) 5
  − 5
  ———

(22) 3
  − 3
  ———

(23) 5
  − 2
  ———

(24) 5
  − 2
  ———

(25) 5
  − 2
  ———

(26) 3
  − 1
  ———

(27) 7
  − 1
  ———

(28) 4
  − 2
  ———

(29) 7
  − 5
  ———

(30) 3
  − 2
  ———

(1)
```
   5
-  4
-----
```

(2)
```
   4
-  4
-----
```

(3)
```
   3
-  1
-----
```

(4)
```
   7
-  2
-----
```

(5)
```
   7
-  5
-----
```

(6)
```
   5
-  3
-----
```

(7)
```
   6
-  5
-----
```

(8)
```
   7
-  3
-----
```

(9)
```
   8
-  7
-----
```

(10)
```
   7
-  3
-----
```

(11)
```
   8
-  2
-----
```

(12)
```
   9
-  5
-----
```

(13)
```
   6
-  4
-----
```

(14)
```
   7
-  2
-----
```

(15)
```
   4
-  4
-----
```

(16)
```
   5
-  1
-----
```

(17)
```
   8
-  6
-----
```

(18)
```
   5
-  3
-----
```

(19)
```
   4
-  1
-----
```

(20)
```
   8
-  6
-----
```

(21)
```
   3
-  3
-----
```

(22)
```
   4
-  2
-----
```

(23)
```
   9
-  6
-----
```

(24)
```
   9
-  1
-----
```

(25)
```
   2
-  1
-----
```

(26)
```
   9
-  3
-----
```

(27)
```
   9
-  4
-----
```

(28)
```
   5
-  4
-----
```

(29)
```
   8
-  2
-----
```

(30)
```
   7
-  4
-----
```

(1)
```
   3
-  2
____
```

(2)
```
   8
-  5
____
```

(3)
```
   5
-  2
____
```

(4)
```
   7
-  2
____
```

(5)
```
   9
-  5
____
```

(6)
```
   3
-  1
____
```

(7)
```
   3
-  3
____
```

(8)
```
   3
-  2
____
```

(9)
```
   4
-  4
____
```

(10)
```
   3
-  3
____
```

(11)
```
   7
-  2
____
```

(12)
```
   7
-  5
____
```

(13)
```
   6
-  3
____
```

(14)
```
   8
-  2
____
```

(15)
```
   7
-  1
____
```

(16)
```
   8
-  8
____
```

(17)
```
   7
-  2
____
```

(18)
```
   7
-  3
____
```

(19)
```
   3
-  1
____
```

(20)
```
   9
-  7
____
```

(21)
```
   8
-  5
____
```

(22)
```
   9
-  2
____
```

(23)
```
   5
-  1
____
```

(24)
```
   9
-  8
____
```

(25)
```
   8
-  7
____
```

(26)
```
   9
-  2
____
```

(27)
```
   5
-  1
____
```

(28)
```
   2
-  1
____
```

(29)
```
   2
-  2
____
```

(30)
```
   5
-  4
____
```

(1)
$$8 - 2$$

(2)
$$3 - 1$$

(3)
$$9 - 9$$

(4)
$$9 - 9$$

(5)
$$4 - 2$$

(6)
$$5 - 1$$

(7)
$$9 - 7$$

(8)
$$6 - 4$$

(9)
$$8 - 5$$

(10)
$$9 - 2$$

(11)
$$9 - 9$$

(12)
$$7 - 3$$

(13)
$$2 - 1$$

(14)
$$3 - 2$$

(15)
$$4 - 4$$

(16)
$$9 - 4$$

(17)
$$8 - 7$$

(18)
$$7 - 6$$

(19)
$$7 - 6$$

(20)
$$9 - 3$$

(21)
$$7 - 5$$

(22)
$$8 - 4$$

(23)
$$7 - 4$$

(24)
$$5 - 5$$

(25)
$$8 - 1$$

(26)
$$4 - 1$$

(27)
$$9 - 8$$

(28)
$$6 - 3$$

(29)
$$9 - 3$$

(30)
$$6 - 5$$

(1) 6
   − 4
   ____

(2) 6
   − 4
   ____

(3) 9
   − 8
   ____

(4) 8
   − 7
   ____

(5) 3
   − 2
   ____

(6) 3
   − 1
   ____

(7) 4
   − 3
   ____

(8) 5
   − 4
   ____

(9) 8
   − 2
   ____

(10) 8
    − 4
    ____

(11) 9
    − 2
    ____

(12) 8
    − 5
    ____

(13) 7
    − 4
    ____

(14) 5
    − 5
    ____

(15) 3
    − 2
    ____

(16) 7
    − 4
    ____

(17) 3
    − 2
    ____

(18) 8
    − 7
    ____

(19) 7
    − 2
    ____

(20) 5
    − 4
    ____

(21) 2
    − 1
    ____

(22) 6
    − 5
    ____

(23) 5
    − 4
    ____

(24) 8
    − 4
    ____

(25) 9
    − 2
    ____

(26) 8
    − 6
    ____

(27) 5
    − 3
    ____

(28) 2
    − 1
    ____

(29) 9
    − 7
    ____

(30) 7
    − 2
    ____

Day: 31

Date:

Score: /30

Name:

Time: :

Rating: ☆☆☆☆☆☆

(1)
```
   8
-  2
_____
```

(2)
```
   9
-  7
_____
```

(3)
```
   7
-  5
_____
```

(4)
```
   9
-  5
_____
```

(5)
```
   8
-  5
_____
```

(6)
```
   8
-  2
_____
```

(7)
```
   5
-  1
_____
```

(8)
```
   8
-  4
_____
```

(9)
```
   3
-  3
_____
```

(10)
```
   9
-  4
_____
```

(11)
```
   7
-  1
_____
```

(12)
```
   7
-  4
_____
```

(13)
```
   9
-  9
_____
```

(14)
```
   3
-  2
_____
```

(15)
```
   7
-  6
_____
```

(16)
```
   2
-  1
_____
```

(17)
```
   8
-  7
_____
```

(18)
```
   8
-  2
_____
```

(19)
```
   1
-  1
_____
```

(20)
```
   4
-  1
_____
```

(21)
```
   7
-  3
_____
```

(22)
```
   6
-  3
_____
```

(23)
```
   4
-  2
_____
```

(24)
```
   9
-  2
_____
```

(25)
```
   7
-  3
_____
```

(26)
```
   4
-  1
_____
```

(27)
```
   9
-  9
_____
```

(28)
```
   9
-  7
_____
```

(29)
```
   1
-  1
_____
```

(30)
```
   9
-  2
_____
```

Day: 32

Name:

Date:

Time: :

Score: /30

Rating: ☆☆☆☆☆

(1)
$$\begin{array}{r} 8 \\ -\ 6 \\ \hline \end{array}$$

(2)
$$\begin{array}{r} 7 \\ -\ 1 \\ \hline \end{array}$$

(3)
$$\begin{array}{r} 5 \\ -\ 2 \\ \hline \end{array}$$

(4)
$$\begin{array}{r} 5 \\ -\ 3 \\ \hline \end{array}$$

(5)
$$\begin{array}{r} 8 \\ -\ 7 \\ \hline \end{array}$$

(6)
$$\begin{array}{r} 9 \\ -\ 9 \\ \hline \end{array}$$

(7)
$$\begin{array}{r} 9 \\ -\ 6 \\ \hline \end{array}$$

(8)
$$\begin{array}{r} 7 \\ -\ 1 \\ \hline \end{array}$$

(9)
$$\begin{array}{r} 8 \\ -\ 8 \\ \hline \end{array}$$

(10)
$$\begin{array}{r} 9 \\ -\ 1 \\ \hline \end{array}$$

(11)
$$\begin{array}{r} 6 \\ -\ 3 \\ \hline \end{array}$$

(12)
$$\begin{array}{r} 8 \\ -\ 3 \\ \hline \end{array}$$

(13)
$$\begin{array}{r} 8 \\ -\ 5 \\ \hline \end{array}$$

(14)
$$\begin{array}{r} 8 \\ -\ 2 \\ \hline \end{array}$$

(15)
$$\begin{array}{r} 8 \\ -\ 8 \\ \hline \end{array}$$

(16)
$$\begin{array}{r} 3 \\ -\ 1 \\ \hline \end{array}$$

(17)
$$\begin{array}{r} 6 \\ -\ 4 \\ \hline \end{array}$$

(18)
$$\begin{array}{r} 9 \\ -\ 3 \\ \hline \end{array}$$

(19)
$$\begin{array}{r} 6 \\ -\ 4 \\ \hline \end{array}$$

(20)
$$\begin{array}{r} 4 \\ -\ 3 \\ \hline \end{array}$$

(21)
$$\begin{array}{r} 8 \\ -\ 2 \\ \hline \end{array}$$

(22)
$$\begin{array}{r} 9 \\ -\ 7 \\ \hline \end{array}$$

(23)
$$\begin{array}{r} 7 \\ -\ 5 \\ \hline \end{array}$$

(24)
$$\begin{array}{r} 9 \\ -\ 3 \\ \hline \end{array}$$

(25)
$$\begin{array}{r} 7 \\ -\ 2 \\ \hline \end{array}$$

(26)
$$\begin{array}{r} 6 \\ -\ 2 \\ \hline \end{array}$$

(27)
$$\begin{array}{r} 7 \\ -\ 5 \\ \hline \end{array}$$

(28)
$$\begin{array}{r} 1 \\ -\ 1 \\ \hline \end{array}$$

(29)
$$\begin{array}{r} 5 \\ -\ 4 \\ \hline \end{array}$$

(30)
$$\begin{array}{r} 9 \\ -\ 7 \\ \hline \end{array}$$

(1) 3 − 2

(2) 8 − 6

(3) 6 − 4

(4) 4 − 3

(5) 9 − 6

(6) 6 − 1

(7) 9 − 9

(8) 2 − 1

(9) 6 − 1

(10) 7 − 6

(11) 2 − 1

(12) 8 − 7

(13) 9 − 4

(14) 5 − 2

(15) 9 − 5

(16) 7 − 6

(17) 7 − 6

(18) 4 − 2

(19) 9 − 3

(20) 3 − 2

(21) 9 − 5

(22) 7 − 1

(23) 8 − 7

(24) 6 − 4

(25) 9 − 6

(26) 5 − 2

(27) 3 − 1

(28) 7 − 4

(29) 9 − 7

(30) 9 − 7

(1)
```
   1
 - 1
_____
```

(2)
```
   6
 - 3
_____
```

(3)
```
   6
 - 1
_____
```

(4)
```
   6
 - 3
_____
```

(5)
```
   7
 - 4
_____
```

(6)
```
   5
 - 4
_____
```

(7)
```
   9
 - 6
_____
```

(8)
```
   5
 - 4
_____
```

(9)
```
   7
 - 1
_____
```

(10)
```
   7
 - 1
_____
```

(11)
```
   2
 - 1
_____
```

(12)
```
   8
 - 1
_____
```

(13)
```
   5
 - 2
_____
```

(14)
```
   6
 - 6
_____
```

(15)
```
   6
 - 1
_____
```

(16)
```
   7
 - 5
_____
```

(17)
```
   7
 - 2
_____
```

(18)
```
   5
 - 3
_____
```

(19)
```
   7
 - 2
_____
```

(20)
```
   5
 - 2
_____
```

(21)
```
   7
 - 3
_____
```

(22)
```
   9
 - 8
_____
```

(23)
```
   5
 - 3
_____
```

(24)
```
   9
 - 4
_____
```

(25)
```
   4
 - 2
_____
```

(26)
```
   5
 - 2
_____
```

(27)
```
   9
 - 3
_____
```

(28)
```
   6
 - 6
_____
```

(29)
```
   7
 - 7
_____
```

(30)
```
   8
 - 8
_____
```

(1)   3   (2)   8   (3)   4   (4)   8   (5)   6
    − 3   − 8   − 2   − 1   − 3

(6)   9   (7)   8   (8)   8   (9)   8   (10)   9
    − 8   − 4   − 3   − 6   − 5

(11)   9   (12)   7   (13)   8   (14)   4   (15)   2
    − 1   − 3   − 6   − 1   − 1

(16)   7   (17)   8   (18)   8   (19)   8   (20)   8
    − 1   − 3   − 5   − 8   − 5

(21)   8   (22)   4   (23)   7   (24)   7   (25)   6
    − 6   − 1   − 3   − 4   − 4

(26)   5   (27)   7   (28)   9   (29)   9   (30)   8
    − 1   − 3   − 7   − 4   − 7

Day: 36

Name:

Date:

Time: :

Score: /30

Rating: ☆☆☆☆☆☆

(1)
$$\begin{array}{r} 3 \\ -\ 2 \\ \hline \end{array}$$

(2)
$$\begin{array}{r} 2 \\ -\ 2 \\ \hline \end{array}$$

(3)
$$\begin{array}{r} 8 \\ -\ 7 \\ \hline \end{array}$$

(4)
$$\begin{array}{r} 5 \\ -\ 4 \\ \hline \end{array}$$

(5)
$$\begin{array}{r} 6 \\ -\ 1 \\ \hline \end{array}$$

(6)
$$\begin{array}{r} 3 \\ -\ 1 \\ \hline \end{array}$$

(7)
$$\begin{array}{r} 8 \\ -\ 8 \\ \hline \end{array}$$

(8)
$$\begin{array}{r} 3 \\ -\ 2 \\ \hline \end{array}$$

(9)
$$\begin{array}{r} 6 \\ -\ 4 \\ \hline \end{array}$$

(10)
$$\begin{array}{r} 8 \\ -\ 2 \\ \hline \end{array}$$

(11)
$$\begin{array}{r} 9 \\ -\ 7 \\ \hline \end{array}$$

(12)
$$\begin{array}{r} 4 \\ -\ 2 \\ \hline \end{array}$$

(13)
$$\begin{array}{r} 7 \\ -\ 6 \\ \hline \end{array}$$

(14)
$$\begin{array}{r} 8 \\ -\ 8 \\ \hline \end{array}$$

(15)
$$\begin{array}{r} 9 \\ -\ 6 \\ \hline \end{array}$$

(16)
$$\begin{array}{r} 2 \\ -\ 1 \\ \hline \end{array}$$

(17)
$$\begin{array}{r} 5 \\ -\ 2 \\ \hline \end{array}$$

(18)
$$\begin{array}{r} 9 \\ -\ 2 \\ \hline \end{array}$$

(19)
$$\begin{array}{r} 5 \\ -\ 1 \\ \hline \end{array}$$

(20)
$$\begin{array}{r} 9 \\ -\ 8 \\ \hline \end{array}$$

(21)
$$\begin{array}{r} 6 \\ -\ 3 \\ \hline \end{array}$$

(22)
$$\begin{array}{r} 7 \\ -\ 4 \\ \hline \end{array}$$

(23)
$$\begin{array}{r} 3 \\ -\ 2 \\ \hline \end{array}$$

(24)
$$\begin{array}{r} 9 \\ -\ 5 \\ \hline \end{array}$$

(25)
$$\begin{array}{r} 9 \\ -\ 9 \\ \hline \end{array}$$

(26)
$$\begin{array}{r} 9 \\ -\ 4 \\ \hline \end{array}$$

(27)
$$\begin{array}{r} 6 \\ -\ 6 \\ \hline \end{array}$$

(28)
$$\begin{array}{r} 7 \\ -\ 4 \\ \hline \end{array}$$

(29)
$$\begin{array}{r} 6 \\ -\ 6 \\ \hline \end{array}$$

(30)
$$\begin{array}{r} 5 \\ -\ 4 \\ \hline \end{array}$$

(1)
```
    6
  - 3
_____
```

(2)
```
    8
  - 7
_____
```

(3)
```
    6
  - 2
_____
```

(4)
```
    8
  - 4
_____
```

(5)
```
    6
  - 5
_____
```

(6)
```
    8
  - 8
_____
```

(7)
```
    5
  - 5
_____
```

(8)
```
    9
  - 2
_____
```

(9)
```
    9
  - 6
_____
```

(10)
```
    7
  - 7
_____
```

(11)
```
    7
  - 6
_____
```

(12)
```
    9
  - 2
_____
```

(13)
```
    6
  - 1
_____
```

(14)
```
    8
  - 1
_____
```

(15)
```
    6
  - 2
_____
```

(16)
```
    7
  - 4
_____
```

(17)
```
    8
  - 2
_____
```

(18)
```
    7
  - 1
_____
```

(19)
```
    7
  - 4
_____
```

(20)
```
    4
  - 2
_____
```

(21)
```
    8
  - 2
_____
```

(22)
```
    5
  - 1
_____
```

(23)
```
    7
  - 3
_____
```

(24)
```
    4
  - 3
_____
```

(25)
```
    5
  - 2
_____
```

(26)
```
    7
  - 7
_____
```

(27)
```
    9
  - 7
_____
```

(28)
```
    9
  - 2
_____
```

(29)
```
    3
  - 3
_____
```

(30)
```
    7
  - 4
_____
```

(1)
```
   8
-  1
────
```

(2)
```
   9
-  2
────
```

(3)
```
   7
-  2
────
```

(4)
```
   7
-  7
────
```

(5)
```
   6
-  5
────
```

(6)
```
   4
-  3
────
```

(7)
```
   7
-  4
────
```

(8)
```
   9
-  5
────
```

(9)
```
   8
-  7
────
```

(10)
```
   6
-  3
────
```

(11)
```
   7
-  5
────
```

(12)
```
   8
-  5
────
```

(13)
```
   9
-  2
────
```

(14)
```
   9
-  6
────
```

(15)
```
   6
-  4
────
```

(16)
```
   5
-  5
────
```

(17)
```
   9
-  7
────
```

(18)
```
   6
-  4
────
```

(19)
```
   9
-  4
────
```

(20)
```
   9
-  8
────
```

(21)
```
   4
-  1
────
```

(22)
```
   7
-  6
────
```

(23)
```
   9
-  5
────
```

(24)
```
   4
-  2
────
```

(25)
```
   4
-  2
────
```

(26)
```
   6
-  2
────
```

(27)
```
   7
-  1
────
```

(28)
```
   5
-  1
────
```

(29)
```
   8
-  4
────
```

(30)
```
   8
-  5
────
```

(1) 8
  − 1

(2) 8
  − 1

(3) 3
  − 3

(4) 7
  − 6

(5) 9
  − 7

(6) 7
  − 3

(7) 6
  − 6

(8) 8
  − 2

(9) 5
  − 5

(10) 8
  − 4

(11) 5
  − 3

(12) 6
  − 4

(13) 6
  − 6

(14) 8
  − 6

(15) 6
  − 2

(16) 8
  − 6

(17) 8
  − 1

(18) 5
  − 2

(19) 8
  − 5

(20) 7
  − 2

(21) 3
  − 2

(22) 6
  − 1

(23) 7
  − 2

(24) 9
  − 5

(25) 9
  − 2

(26) 8
  − 4

(27) 8
  − 7

(28) 8
  − 7

(29) 4
  − 1

(30) 8
  − 3

(1)
```
    5
-   3
─────
```

(2)
```
    9
-   5
─────
```

(3)
```
    4
-   1
─────
```

(4)
```
    9
-   3
─────
```

(5)
```
    7
-   7
─────
```

(6)
```
    5
-   2
─────
```

(7)
```
    5
-   2
─────
```

(8)
```
    4
-   1
─────
```

(9)
```
    8
-   3
─────
```

(10)
```
    4
-   4
─────
```

(11)
```
    6
-   3
─────
```

(12)
```
    9
-   1
─────
```

(13)
```
    7
-   3
─────
```

(14)
```
    5
-   5
─────
```

(15)
```
    9
-   6
─────
```

(16)
```
    8
-   1
─────
```

(17)
```
    7
-   2
─────
```

(18)
```
    9
-   9
─────
```

(19)
```
    9
-   3
─────
```

(20)
```
    3
-   2
─────
```

(21)
```
    6
-   1
─────
```

(22)
```
    6
-   6
─────
```

(23)
```
    6
-   1
─────
```

(24)
```
    5
-   3
─────
```

(25)
```
    6
-   5
─────
```

(26)
```
    7
-   7
─────
```

(27)
```
    4
-   2
─────
```

(28)
```
    9
-   2
─────
```

(29)
```
    5
-   4
─────
```

(30)
```
    5
-   2
─────
```

(1) 9   (2) 9   (3) 4   (4) 9   (5) 6
   - 7   - 1   - 4   - 8   - 4

(6) 7   (7) 9   (8) 6   (9) 7   (10) 8
   - 4   - 5   - 2   - 7   - 1

(11) 8   (12) 9   (13) 9   (14) 7   (15) 5
    - 2   - 3   - 1   - 3   - 2

(16) 8   (17) 5   (18) 5   (19) 5   (20) 8
    - 7   - 3   - 2   - 1   - 1

(21) 5   (22) 8   (23) 8   (24) 9   (25) 9
    - 5   - 3   - 4   - 5   - 8

(26) 4   (27) 9   (28) 5   (29) 9   (30) 3
    - 2   - 9   - 1   - 4   - 2

(1)
$$\begin{array}{r} 4 \\ -\ 3 \\ \hline \end{array}$$

(2)
$$\begin{array}{r} 9 \\ -\ 5 \\ \hline \end{array}$$

(3)
$$\begin{array}{r} 4 \\ -\ 3 \\ \hline \end{array}$$

(4)
$$\begin{array}{r} 6 \\ -\ 3 \\ \hline \end{array}$$

(5)
$$\begin{array}{r} 9 \\ -\ 1 \\ \hline \end{array}$$

(6)
$$\begin{array}{r} 9 \\ -\ 6 \\ \hline \end{array}$$

(7)
$$\begin{array}{r} 4 \\ -\ 1 \\ \hline \end{array}$$

(8)
$$\begin{array}{r} 7 \\ -\ 1 \\ \hline \end{array}$$

(9)
$$\begin{array}{r} 8 \\ -\ 3 \\ \hline \end{array}$$

(10)
$$\begin{array}{r} 6 \\ -\ 4 \\ \hline \end{array}$$

(11)
$$\begin{array}{r} 6 \\ -\ 4 \\ \hline \end{array}$$

(12)
$$\begin{array}{r} 9 \\ -\ 5 \\ \hline \end{array}$$

(13)
$$\begin{array}{r} 7 \\ -\ 5 \\ \hline \end{array}$$

(14)
$$\begin{array}{r} 9 \\ -\ 1 \\ \hline \end{array}$$

(15)
$$\begin{array}{r} 5 \\ -\ 5 \\ \hline \end{array}$$

(16)
$$\begin{array}{r} 8 \\ -\ 6 \\ \hline \end{array}$$

(17)
$$\begin{array}{r} 9 \\ -\ 3 \\ \hline \end{array}$$

(18)
$$\begin{array}{r} 8 \\ -\ 5 \\ \hline \end{array}$$

(19)
$$\begin{array}{r} 6 \\ -\ 1 \\ \hline \end{array}$$

(20)
$$\begin{array}{r} 7 \\ -\ 6 \\ \hline \end{array}$$

(21)
$$\begin{array}{r} 6 \\ -\ 3 \\ \hline \end{array}$$

(22)
$$\begin{array}{r} 4 \\ -\ 3 \\ \hline \end{array}$$

(23)
$$\begin{array}{r} 9 \\ -\ 1 \\ \hline \end{array}$$

(24)
$$\begin{array}{r} 7 \\ -\ 2 \\ \hline \end{array}$$

(25)
$$\begin{array}{r} 6 \\ -\ 2 \\ \hline \end{array}$$

(26)
$$\begin{array}{r} 6 \\ -\ 1 \\ \hline \end{array}$$

(27)
$$\begin{array}{r} 6 \\ -\ 2 \\ \hline \end{array}$$

(28)
$$\begin{array}{r} 5 \\ -\ 3 \\ \hline \end{array}$$

(29)
$$\begin{array}{r} 6 \\ -\ 2 \\ \hline \end{array}$$

(30)
$$\begin{array}{r} 9 \\ -\ 6 \\ \hline \end{array}$$

(1)
```
    8
-   6
____
```

(2)
```
    4
-   2
____
```

(3)
```
    6
-   4
____
```

(4)
```
    6
-   3
____
```

(5)
```
    8
-   5
____
```

(6)
```
    5
-   5
____
```

(7)
```
    9
-   4
____
```

(8)
```
    5
-   5
____
```

(9)
```
    3
-   2
____
```

(10)
```
    3
-   2
____
```

(11)
```
    9
-   1
____
```

(12)
```
    6
-   2
____
```

(13)
```
    3
-   1
____
```

(14)
```
    2
-   1
____
```

(15)
```
    4
-   2
____
```

(16)
```
    8
-   5
____
```

(17)
```
    6
-   1
____
```

(18)
```
    8
-   6
____
```

(19)
```
    9
-   5
____
```

(20)
```
    5
-   1
____
```

(21)
```
    9
-   6
____
```

(22)
```
    8
-   4
____
```

(23)
```
    7
-   1
____
```

(24)
```
    8
-   1
____
```

(25)
```
    9
-   3
____
```

(26)
```
    3
-   3
____
```

(27)
```
    5
-   5
____
```

(28)
```
    6
-   3
____
```

(29)
```
    5
-   4
____
```

(30)
```
    5
-   1
____
```

(1)   6
    − 3

(2)   9
    − 9

(3)   3
    − 1

(4)   6
    − 5

(5)   9
    − 9

(6)   8
    − 6

(7)   7
    − 5

(8)   7
    − 2

(9)   7
    − 4

(10)   8
     − 4

(11)   9
     − 4

(12)   4
     − 3

(13)   6
     − 6

(14)   7
     − 5

(15)   5
     − 1

(16)   8
     − 7

(17)   7
     − 3

(18)   8
     − 3

(19)   8
     − 3

(20)   6
     − 1

(21)   2
     − 1

(22)   6
     − 4

(23)   7
     − 1

(24)   6
     − 1

(25)   8
     − 7

(26)   3
     − 2

(27)   5
     − 4

(28)   7
     − 1

(29)   9
     − 5

(30)   9
     − 2

(1)
$$\begin{array}{r} 7 \\ -\ 1 \\ \hline \end{array}$$

(2)
$$\begin{array}{r} 5 \\ -\ 2 \\ \hline \end{array}$$

(3)
$$\begin{array}{r} 5 \\ -\ 3 \\ \hline \end{array}$$

(4)
$$\begin{array}{r} 6 \\ -\ 2 \\ \hline \end{array}$$

(5)
$$\begin{array}{r} 1 \\ -\ 1 \\ \hline \end{array}$$

(6)
$$\begin{array}{r} 9 \\ -\ 2 \\ \hline \end{array}$$

(7)
$$\begin{array}{r} 3 \\ -\ 2 \\ \hline \end{array}$$

(8)
$$\begin{array}{r} 9 \\ -\ 8 \\ \hline \end{array}$$

(9)
$$\begin{array}{r} 6 \\ -\ 4 \\ \hline \end{array}$$

(10)
$$\begin{array}{r} 9 \\ -\ 3 \\ \hline \end{array}$$

(11)
$$\begin{array}{r} 9 \\ -\ 5 \\ \hline \end{array}$$

(12)
$$\begin{array}{r} 7 \\ -\ 5 \\ \hline \end{array}$$

(13)
$$\begin{array}{r} 4 \\ -\ 1 \\ \hline \end{array}$$

(14)
$$\begin{array}{r} 2 \\ -\ 1 \\ \hline \end{array}$$

(15)
$$\begin{array}{r} 5 \\ -\ 2 \\ \hline \end{array}$$

(16)
$$\begin{array}{r} 8 \\ -\ 5 \\ \hline \end{array}$$

(17)
$$\begin{array}{r} 6 \\ -\ 3 \\ \hline \end{array}$$

(18)
$$\begin{array}{r} 6 \\ -\ 5 \\ \hline \end{array}$$

(19)
$$\begin{array}{r} 6 \\ -\ 1 \\ \hline \end{array}$$

(20)
$$\begin{array}{r} 8 \\ -\ 2 \\ \hline \end{array}$$

(21)
$$\begin{array}{r} 5 \\ -\ 2 \\ \hline \end{array}$$

(22)
$$\begin{array}{r} 8 \\ -\ 5 \\ \hline \end{array}$$

(23)
$$\begin{array}{r} 9 \\ -\ 8 \\ \hline \end{array}$$

(24)
$$\begin{array}{r} 6 \\ -\ 5 \\ \hline \end{array}$$

(25)
$$\begin{array}{r} 8 \\ -\ 1 \\ \hline \end{array}$$

(26)
$$\begin{array}{r} 7 \\ -\ 2 \\ \hline \end{array}$$

(27)
$$\begin{array}{r} 8 \\ -\ 1 \\ \hline \end{array}$$

(28)
$$\begin{array}{r} 7 \\ -\ 4 \\ \hline \end{array}$$

(29)
$$\begin{array}{r} 7 \\ -\ 4 \\ \hline \end{array}$$

(30)
$$\begin{array}{r} 9 \\ -\ 6 \\ \hline \end{array}$$

(1)　　6
　－　1

(2)　　4
　－　1

(3)　　7
　－　3

(4)　　8
　－　5

(5)　　3
　－　2

(6)　　6
　－　1

(7)　　3
　－　1

(8)　　8
　－　5

(9)　　8
　－　2

(10)　　7
　－　5

(11)　　5
　－　3

(12)　　8
　－　3

(13)　　5
　－　2

(14)　　1
　－　1

(15)　　9
　－　2

(16)　　9
　－　1

(17)　　4
　－　2

(18)　　4
　－　2

(19)　　9
　－　7

(20)　　4
　－　1

(21)　　3
　－　1

(22)　　7
　－　1

(23)　　9
　－　4

(24)　　5
　－　2

(25)　　4
　－　1

(26)　　9
　－　7

(27)　　7
　－　3

(28)　　4
　－　4

(29)　　9
　－　5

(30)　　8
　－　6

(1) 2 (2) 6 (3) 6 (4) 9 (5) 6
  − 1   − 3   − 2   − 4   − 6

(6) 8 (7) 8 (8) 5 (9) 8 (10) 5
  − 4   − 4   − 1   − 3   − 4

(11) 1 (12) 9 (13) 1 (14) 9 (15) 4
  − 1   − 5   − 1   − 2   − 2

(16) 5 (17) 8 (18) 6 (19) 9 (20) 9
  − 2   − 6   − 1   − 2   − 9

(21) 6 (22) 8 (23) 4 (24) 5 (25) 7
  − 4   − 2   − 3   − 3   − 3

(26) 3 (27) 8 (28) 7 (29) 9 (30) 8
  − 2   − 8   − 4   − 3   − 4

(1) 7
    - 6

(2) 4
    - 2

(3) 5
    - 5

(4) 6
    - 4

(5) 5
    - 4

(6) 8
    - 8

(7) 6
    - 1

(8) 8
    - 1

(9) 6
    - 5

(10) 7
     - 7

(11) 4
     - 2

(12) 8
     - 4

(13) 9
     - 8

(14) 2
     - 1

(15) 7
     - 5

(16) 8
     - 7

(17) 8
     - 3

(18) 3
     - 1

(19) 7
     - 7

(20) 9
     - 6

(21) 8
     - 2

(22) 8
     - 7

(23) 2
     - 2

(24) 9
     - 2

(25) 8
     - 6

(26) 8
     - 4

(27) 4
     - 2

(28) 4
     - 4

(29) 8
     - 6

(30) 4
     - 1

(1)
```
    9
-   6
_____
```

(2)
```
    9
-   8
_____
```

(3)
```
    2
-   1
_____
```

(4)
```
    4
-   3
_____
```

(5)
```
    7
-   4
_____
```

(6)
```
    6
-   3
_____
```

(7)
```
    4
-   1
_____
```

(8)
```
    2
-   1
_____
```

(9)
```
    4
-   4
_____
```

(10)
```
    4
-   2
_____
```

(11)
```
    6
-   6
_____
```

(12)
```
    4
-   1
_____
```

(13)
```
    5
-   4
_____
```

(14)
```
    9
-   7
_____
```

(15)
```
    1
-   1
_____
```

(16)
```
    9
-   4
_____
```

(17)
```
    4
-   2
_____
```

(18)
```
    6
-   4
_____
```

(19)
```
    9
-   1
_____
```

(20)
```
    8
-   7
_____
```

(21)
```
    7
-   5
_____
```

(22)
```
    6
-   6
_____
```

(23)
```
    8
-   3
_____
```

(24)
```
    5
-   2
_____
```

(25)
```
    4
-   1
_____
```

(26)
```
    4
-   4
_____
```

(27)
```
    8
-   6
_____
```

(28)
```
    4
-   3
_____
```

(29)
```
    9
-   1
_____
```

(30)
```
    6
-   4
_____
```

(1)
$$\begin{array}{r} 7 \\ -\ 5 \\ \hline \end{array}$$

(2)
$$\begin{array}{r} 9 \\ -\ 7 \\ \hline \end{array}$$

(3)
$$\begin{array}{r} 4 \\ -\ 1 \\ \hline \end{array}$$

(4)
$$\begin{array}{r} 6 \\ -\ 2 \\ \hline \end{array}$$

(5)
$$\begin{array}{r} 9 \\ -\ 5 \\ \hline \end{array}$$

(6)
$$\begin{array}{r} 9 \\ -\ 3 \\ \hline \end{array}$$

(7)
$$\begin{array}{r} 7 \\ -\ 2 \\ \hline \end{array}$$

(8)
$$\begin{array}{r} 2 \\ -\ 2 \\ \hline \end{array}$$

(9)
$$\begin{array}{r} 3 \\ -\ 1 \\ \hline \end{array}$$

(10)
$$\begin{array}{r} 3 \\ -\ 1 \\ \hline \end{array}$$

(11)
$$\begin{array}{r} 8 \\ -\ 6 \\ \hline \end{array}$$

(12)
$$\begin{array}{r} 5 \\ -\ 1 \\ \hline \end{array}$$

(13)
$$\begin{array}{r} 6 \\ -\ 3 \\ \hline \end{array}$$

(14)
$$\begin{array}{r} 7 \\ -\ 2 \\ \hline \end{array}$$

(15)
$$\begin{array}{r} 9 \\ -\ 7 \\ \hline \end{array}$$

(16)
$$\begin{array}{r} 6 \\ -\ 5 \\ \hline \end{array}$$

(17)
$$\begin{array}{r} 7 \\ -\ 6 \\ \hline \end{array}$$

(18)
$$\begin{array}{r} 6 \\ -\ 3 \\ \hline \end{array}$$

(19)
$$\begin{array}{r} 9 \\ -\ 1 \\ \hline \end{array}$$

(20)
$$\begin{array}{r} 2 \\ -\ 1 \\ \hline \end{array}$$

(21)
$$\begin{array}{r} 6 \\ -\ 6 \\ \hline \end{array}$$

(22)
$$\begin{array}{r} 9 \\ -\ 7 \\ \hline \end{array}$$

(23)
$$\begin{array}{r} 8 \\ -\ 6 \\ \hline \end{array}$$

(24)
$$\begin{array}{r} 9 \\ -\ 8 \\ \hline \end{array}$$

(25)
$$\begin{array}{r} 8 \\ -\ 1 \\ \hline \end{array}$$

(26)
$$\begin{array}{r} 9 \\ -\ 1 \\ \hline \end{array}$$

(27)
$$\begin{array}{r} 6 \\ -\ 1 \\ \hline \end{array}$$

(28)
$$\begin{array}{r} 9 \\ -\ 2 \\ \hline \end{array}$$

(29)
$$\begin{array}{r} 6 \\ -\ 2 \\ \hline \end{array}$$

(30)
$$\begin{array}{r} 8 \\ -\ 3 \\ \hline \end{array}$$

(1)　　7
　－　5

(2)　　6
　－　3

(3)　　6
　－　5

(4)　　5
　－　3

(5)　　9
　－　3

(6)　　4
　－　1

(7)　　6
　－　4

(8)　　8
　－　5

(9)　　9
　－　3

(10)　　8
　－　1

(11)　　8
　－　2

(12)　　7
　－　1

(13)　　5
　－　5

(14)　　6
　－　2

(15)　　9
　－　3

(16)　　8
　－　2

(17)　　6
　－　2

(18)　　8
　－　5

(19)　　7
　－　4

(20)　　8
　－　4

(21)　　9
　－　6

(22)　　9
　－　7

(23)　　9
　－　4

(24)　　4
　－　3

(25)　　2
　－　1

(26)　　7
　－　3

(27)　　2
　－　2

(28)　　6
　－　4

(29)　　6
　－　5

(30)　　8
　－　8

Addition Answer Key Sheet

DAY 1
1) 8 2) 15 3) 8 4) 16 5) 7
6) 12 7) 13 8) 10 9) 13 10) 14
11) 16 12) 13 13) 6 14) 16 15) 12
16) 18 17) 6 18) 16 19) 2 20) 10
21) 14 22) 10 23) 7 24) 15 25) 10
26) 14 27) 3 28) 13 29) 6 30) 17

DAY 2
1) 6 2) 10 3) 8 4) 8 5) 9
6) 12 7) 5 8) 15 9) 7 10) 6
11) 8 12) 12 13) 1 14) 4 15) 8
16) 6 17) 16 18) 17 19) 3 20) 7
21) 14 22) 10 23) 8 24) 18 25) 7
26) 3 27) 11 28) 9 29) 14 30) 13

DAY 3
1) 10 2) 7 3) 4 4) 2 5) 8
6) 1 7) 5 8) 13 9) 5 10) 5
11) 5 12) 15 13) 5 14) 9 15) 10
16) 6 17) 13 18) 8 19) 12 20) 16
21) 11 22) 9 23) 2 24) 4 25) 13
26) 10 27) 5 28) 15 29) 2 30) 13

DAY 4
1) 5 2) 11 3) 1 4) 10 5) 18
6) 7 7) 12 8) 6 9) 4 10) 4
11) 10 12) 4 13) 8 14) 11 15) 10
16) 6 17) 8 18) 7 19) 2 20) 1
21) 8 22) 3 23) 15 24) 4 25) 11
26) 8 27) 5 28) 5 29) 12 30) 6

DAY 5
1) 12 2) 12 3) 8 4) 6 5) 4
6) 10 7) 2 8) 8 9) 9 10) 13
11) 11 12) 5 13) 8 14) 14 15) 5
16) 10 17) 5 18) 9 19) 9 20) 12
21) 7 22) 5 23) 8 24) 9 25) 6
26) 3 27) 12 28) 7 29) 5 30) 9

DAY 6
1) 11 2) 3 3) 7 4) 14 5) 9
6) 12 7) 8 8) 13 9) 8 10) 11
11) 13 12) 11 13) 9 14) 5 15) 6
16) 12 17) 11 18) 9 19) 7 20) 5
21) 11 22) 6 23) 9 24) 9 25) 9
26) 5 27) 17 28) 6 29) 5 30) 1

DAY 7
1) 5 2) 18 3) 15 4) 5 5) 14
6) 5 7) 12 8) 0 9) 7 10) 4
11) 16 12) 14 13) 11 14) 9 15) 14
16) 11 17) 13 18) 10 19) 17 20) 5
21) 2 22) 9 23) 5 24) 8 25) 8
26) 10 27) 9 28) 9 29) 10 30) 13

DAY 8
1) 12 2) 2 3) 12 4) 5 5) 10
6) 11 7) 9 8) 9 9) 3 10) 6
11) 9 12) 13 13) 13 14) 6 15) 6
16) 7 17) 2 18) 12 19) 14 20) 14
21) 15 22) 9 23) 12 24) 12 25) 15
26) 9 27) 1 28) 3 29) 5 30) 13

DAY 9
1) 8 2) 10 3) 7 4) 13 5) 16
6) 5 7) 10 8) 6 9) 6 10) 7
11) 7 12) 8 13) 8 14) 2 15) 14
16) 8 17) 17 18) 5 19) 7 20) 4
21) 10 22) 4 23) 11 24) 5 25) 12
26) 15 27) 1 28) 10 29) 13 30) 11

DAY 10
1) 8 2) 9 3) 10 4) 12 5) 8
6) 7 7) 2 8) 8 9) 7 10) 4
11) 8 12) 12 13) 7 14) 6 15) 15
16) 1 17) 6 18) 12 19) 5 20) 13
21) 17 22) 4 23) 9 24) 6 25) 14
26) 17 27) 12 28) 8 29) 13 30) 0

DAY 11
1) 9 2) 3 3) 10 4) 4 5) 5
6) 10 7) 12 8) 9 9) 13 10) 8
11) 17 12) 12 13) 10 14) 14 15) 4
16) 8 17) 13 18) 4 19) 3 20) 9
21) 12 22) 7 23) 13 24) 13 25) 13
26) 15 27) 9 28) 9 29) 9 30) 8

DAY 12
1) 11 2) 7 3) 11 4) 17 5) 8
6) 8 7) 12 8) 8 9) 11 10) 3
11) 16 12) 10 13) 3 14) 14 15) 12
16) 7 17) 10 18) 9 19) 12 20) 6
21) 11 22) 14 23) 6 24) 4 25) 17
26) 6 27) 13 28) 11 29) 5 30) 8

DAY 13
1) 11 2) 5 3) 11 4) 9 5) 11
6) 9 7) 13 8) 12 9) 8 10) 8
11) 13 12) 11 13) 14 14) 13 15) 12
16) 11 17) 13 18) 5 19) 8 20) 14
21) 7 22) 14 23) 7 24) 9 25) 15
26) 1 27) 8 28) 15 29) 3 30) 14

DAY 14
1) 6 2) 16 3) 14 4) 9 5) 16
6) 6 7) 10 8) 9 9) 6 10) 13
11) 13 12) 2 13) 4 14) 8 15) 16
16) 12 17) 4 18) 9 19) 10 20) 9
21) 8 22) 6 23) 3 24) 9 25) 13
26) 2 27) 7 28) 3 29) 12 30) 3

DAY 15
1) 4 2) 6 3) 14 4) 4 5) 9
6) 13 7) 9 8) 4 9) 6 10) 5
11) 7 12) 11 13) 3 14) 5 15) 11
16) 17 17) 4 18) 4 19) 7 20) 12
21) 5 22) 7 23) 10 24) 6 25) 4
26) 11 27) 14 28) 9 29) 11 30) 1

DAY 16
1) 7 2) 9 3) 10 4) 7 5) 12
6) 7 7) 1 8) 16 9) 15 10) 5
11) 5 12) 10 13) 11 14) 5 15) 7
16) 10 17) 7 18) 10 19) 16 20) 3
21) 17 22) 17 23) 8 24) 6 25) 8
26) 7 27) 15 28) 3 29) 9 30) 17

DAY 17
1) 14 2) 5 3) 5 4) 3 5) 9
6) 5 7) 9 8) 9 9) 11 10) 7
11) 7 12) 12 13) 4 14) 9 15) 12
16) 15 17) 15 18) 5 19) 11 20) 3
21) 7 22) 10 23) 6 24) 15 25) 11
26) 17 27) 2 28) 10 29) 11 30) 11

DAY 18
1) 7 2) 10 3) 12 4) 7 5) 6
6) 13 7) 15 8) 6 9) 17 10) 10
11) 11 12) 7 13) 9 14) 9 15) 14
16) 14 17) 13 18) 10 19) 15 20) 7
21) 6 22) 11 23) 15 24) 11 25) 11
26) 7 27) 7 28) 16 29) 2 30) 9

DAY 19
1) 11 2) 18 3) 8 4) 11 5) 4
6) 15 7) 7 8) 11 9) 6 10) 15
11) 10 12) 11 13) 9 14) 11 15) 17
16) 10 17) 10 18) 12 19) 6 20) 7
21) 9 22) 16 23) 15 24) 13 25) 6
26) 10 27) 14 28) 11 29) 11 30) 6

DAY 20
1) 6 2) 8 3) 15 4) 10 5) 1
6) 13 7) 12 8) 9 9) 10 10) 15
11) 10 12) 13 13) 12 14) 0 15) 12
16) 3 17) 6 18) 4 19) 6 20) 9
21) 15 22) 9 23) 14 24) 6 25) 5
26) 11 27) 8 28) 14 29) 11 30) 12

DAY 21
1) 10 2) 14 3) 4 4) 7 5) 12
6) 12 7) 13 8) 17 9) 11 10) 14
11) 10 12) 12 13) 13 14) 13 15) 12
16) 6 17) 11 18) 3 19) 18 20) 9
21) 5 22) 10 23) 0 24) 12 25) 8
26) 5 27) 8 28) 15 29) 6 30) 10

DAY 22
1) 10 2) 10 3) 6 4) 8 5) 11
6) 9 7) 10 8) 10 9) 9 10) 8
11) 13 12) 3 13) 8 14) 11 15) 8
16) 9 17) 16 18) 3 19) 15 20) 9
21) 14 22) 13 23) 17 24) 5 25) 13
26) 14 27) 5 28) 7 29) 7 30) 12

DAY 23
1) 12 2) 7 3) 7 4) 10 5) 5
6) 8 7) 8 8) 10 9) 4 10) 8
11) 11 12) 12 13) 9 14) 10 15) 14
16) 2 17) 8 18) 11 19) 8 20) 8
21) 10 22) 7 23) 5 24) 5 25) 0
26) 11 27) 12 28) 17 29) 10 30) 9

DAY 24
1) 13 2) 5 3) 3 4) 11 5) 8
6) 9 7) 9 8) 8 9) 4 10) 12
11) 14 12) 10 13) 1 14) 11 15) 10
16) 10 17) 12 18) 4 19) 6 20) 10
21) 13 22) 7 23) 5 24) 16 25) 4
26) 3 27) 7 28) 12 29) 17 30) 3

DAY 25
1) 7 2) 8 3) 14 4) 14 5) 14
6) 10 7) 5 8) 12 9) 9 10) 14
11) 5 12) 14 13) 11 14) 8 15) 15
16) 13 17) 5 18) 1 19) 12 20) 5
21) 14 22) 10 23) 7 24) 12 25) 11
26) 3 27) 8 28) 8 29) 0 30) 17

DAY 26
1) 11 2) 7 3) 8 4) 12 5) 5
6) 12 7) 13 8) 14 9) 9 10) 9
11) 15 12) 13 13) 9 14) 11 15) 18
16) 6 17) 9 18) 10 19) 9 20) 7
21) 2 22) 13 23) 13 24) 0 25) 10
26) 11 27) 0 28) 15 29) 9 30) 11

DAY 27
1) 12 2) 7 3) 2 4) 14 5) 7
6) 11 7) 7 8) 9 9) 5 10) 15
11) 9 12) 8 13) 15 14) 9 15) 12
16) 7 17) 11 18) 10 19) 7 20) 7
21) 5 22) 8 23) 11 24) 5 25) 11
26) 17 27) 4 28) 4 29) 7 30) 8

DAY 28
1) 3 2) 5 3) 12 4) 5 5) 10
6) 14 7) 4 8) 5 9) 17 10) 11
11) 16 12) 11 13) 6 14) 6 15) 8
16) 15 17) 5 18) 8 19) 9 20) 2
21) 10 22) 9 23) 9 24) 9 25) 4
26) 7 27) 8 28) 15 29) 3 30) 6

DAY 29
1) 2 2) 6 3) 8 4) 11 5) 6
6) 15 7) 10 8) 10 9) 3 10) 10
11) 12 12) 17 13) 8 14) 10 15) 11
16) 12 17) 12 18) 8 19) 12 20) 9
21) 9 22) 6 23) 15 24) 11 25) 17
26) 10 27) 14 28) 12 29) 15 30) 8

DAY 30
1) 9 2) 8 3) 3 4) 5 5) 16
6) 8 7) 15 8) 6 9) 13 10) 15
11) 3 12) 8 13) 12 14) 13 15) 12
16) 2 17) 15 18) 15 19) 11 20) 8
21) 14 22) 11 23) 4 24) 7 25) 12
26) 5 27) 15 28) 16 29) 13 30) 9

DAY 31
1) 17 2) 12 3) 8 4) 9 5) 12
6) 13 7) 12 8) 15 9) 7 10) 3
11) 10 12) 10 13) 12 14) 12 15) 16
16) 7 17) 3 18) 5 19) 11 20) 11
21) 13 22) 17 23) 13 24) 4 25) 7
26) 7 27) 12 28) 3 29) 13 30) 5

DAY 32
1) 15 2) 8 3) 10 4) 9 5) 13
6) 9 7) 10 8) 12 9) 7 10) 6
11) 8 12) 10 13) 3 14) 9 15) 7
16) 9 17) 13 18) 13 19) 14 20) 7
21) 5 22) 15 23) 5 24) 10 25) 13
26) 11 27) 10 28) 3 29) 12 30) 8

DAY 33
1) 18 2) 9 3) 9 4) 9 5) 6
6) 8 7) 9 8) 11 9) 4 10) 16
11) 5 12) 18 13) 6 14) 6 15) 10
16) 11 17) 13 18) 9 19) 11 20) 13
21) 11 22) 8 23) 11 24) 3 25) 13
26) 4 27) 5 28) 10 29) 10 30) 6

DAY 34
1) 4 2) 6 3) 10 4) 12 5) 10
6) 13 7) 3 8) 3 9) 16 10) 10
11) 11 12) 8 13) 5 14) 12 15) 9
16) 10 17) 14 18) 5 19) 8 20) 7
21) 7 22) 12 23) 8 24) 9 25) 12
26) 8 27) 6 28) 10 29) 14 30) 4

DAY 35
1) 15 2) 10 3) 14 4) 7 5) 8
6) 9 7) 7 8) 9 9) 6 10) 12
11) 11 12) 13 13) 7 14) 14 15) 13
16) 17 17) 9 18) 13 19) 10 20) 17
21) 10 22) 7 23) 15 24) 4 25) 15
26) 8 27) 11 28) 14 29) 16 30) 12

DAY 36
1) 8 2) 16 3) 8 4) 13 5) 8
6) 5 7) 10 8) 6 9) 13 10) 9
11) 2 12) 6 13) 11 14) 13 15) 10
16) 5 17) 8 18) 12 19) 5 20) 2
21) 6 22) 8 23) 14 24) 4 25) 8
26) 13 27) 9 28) 10 29) 13 30) 3

DAY 37
1) 11 2) 4 3) 8 4) 11 5) 4
6) 11 7) 2 8) 9 9) 9 10) 11
11) 6 12) 6 13) 11 14) 7 15) 15
16) 10 17) 8 18) 6 19) 7 20) 7
21) 7 22) 9 23) 14 24) 12 25) 12
26) 12 27) 4 28) 11 29) 11 30) 11

DAY 38
1) 5 2) 7 3) 9 4) 10 5) 15
6) 9 7) 6 8) 14 9) 8 10) 15
11) 9 12) 8 13) 12 14) 10 15) 14
16) 5 17) 13 18) 10 19) 11 20) 11
21) 10 22) 4 23) 8 24) 10 25) 11
26) 6 27) 9 28) 13 29) 13 30) 9

DAY 39
1) 15 2) 10 3) 16 4) 2 5) 15
6) 5 7) 5 8) 8 9) 9 10) 9
11) 13 12) 18 13) 11 14) 11 15) 16
16) 10 17) 14 18) 6 19) 13 20) 4
21) 6 22) 18 23) 12 24) 11 25) 12
26) 12 27) 10 28) 9 29) 14 30) 3

DAY 40
1) 13 2) 13 3) 16 4) 11 5) 6
6) 11 7) 9 8) 11 9) 15 10) 14
11) 10 12) 13 13) 11 14) 18 15) 11
16) 10 17) 5 18) 9 19) 10 20) 12
21) 15 22) 12 23) 12 24) 4 25) 9
26) 8 27) 11 28) 7 29) 12 30) 14

DAY 41
1) 10 2) 9 3) 8 4) 5 5) 8
6) 12 7) 5 8) 12 9) 8 10) 3
11) 10 12) 11 13) 11 14) 3 15) 12
16) 4 17) 3 18) 8 19) 17 20) 4
21) 13 22) 5 23) 13 24) 14 25) 12
26) 7 27) 10 28) 12 29) 11 30) 11

DAY 42
1) 10 2) 6 3) 10 4) 18 5) 14
6) 16 7) 3 8) 18 9) 9 10) 15
11) 11 12) 14 13) 8 14) 9 15) 9
16) 8 17) 6 18) 9 19) 7 20) 12
21) 9 22) 5 23) 10 24) 11 25) 13
26) 6 27) 8 28) 18 29) 9 30) 10

DAY 43
1) 13 2) 10 3) 7 4) 9 5) 13
6) 17 7) 14 8) 15 9) 9 10) 8
11) 11 12) 5 13) 9 14) 11 15) 13
16) 12 17) 8 18) 8 19) 11 20) 7
21) 11 22) 12 23) 10 24) 8 25) 14
26) 8 27) 4 28) 14 29) 5 30) 15

DAY 44
1) 15 2) 16 3) 7 4) 13 5) 9
6) 16 7) 13 8) 7 9) 4 10) 11
11) 3 12) 10 13) 13 14) 4 15) 7
16) 15 17) 10 18) 6 19) 9 20) 5
21) 15 22) 5 23) 16 24) 13 25) 12
26) 18 27) 4 28) 16 29) 12 30) 8

DAY 45
1) 5 2) 15 3) 10 4) 11 5) 12
6) 8 7) 9 8) 12 9) 9 10) 12
11) 10 12) 15 13) 10 14) 8 15) 2
16) 16 17) 14 18) 2 19) 14 20) 9
21) 9 22) 6 23) 10 24) 7 25) 10
26) 10 27) 4 28) 12 29) 8 30) 10

DAY 46
1) 3 2) 9 3) 5 4) 11 5) 13
6) 11 7) 10 8) 11 9) 10 10) 11
11) 11 12) 12 13) 10 14) 5 15) 3
16) 16 17) 12 18) 8 19) 7 20) 15
21) 14 22) 14 23) 13 24) 8 25) 6
26) 8 27) 17 28) 8 29) 9 30) 10

DAY 47
1) 10 2) 8 3) 11 4) 17 5) 13
6) 15 7) 7 8) 8 9) 16 10) 12
11) 10 12) 9 13) 11 14) 13 15) 11
16) 7 17) 7 18) 3 19) 10 20) 8
21) 16 22) 10 23) 15 24) 6 25) 9
26) 9 27) 14 28) 9 29) 13 30) 14

DAY 48
1) 11 2) 3 3) 12 4) 7 5) 13
6) 13 7) 4 8) 16 9) 10 10) 12
11) 14 12) 11 13) 18 14) 5 15) 14
16) 9 17) 6 18) 8 19) 8 20) 8
21) 11 22) 12 23) 5 24) 8 25) 10
26) 6 27) 10 28) 8 29) 16 30) 10

DAY 49
1) 17 2) 12 3) 10 4) 8 5) 9
6) 11 7) 8 8) 9 9) 7 10) 10
11) 6 12) 16 13) 8 14) 9 15) 8
16) 6 17) 17 18) 13 19) 12 20) 9
21) 10 22) 9 23) 15 24) 15 25) 9
26) 9 27) 8 28) 13 29) 16 30) 12

DAY 50
1) 10 2) 11 3) 12 4) 4 5) 8
6) 11 7) 14 8) 10 9) 10 10) 10
11) 4 12) 16 13) 2 14) 11 15) 11
16) 12 17) 17 18) 9 19) 10 20) 13
21) 9 22) 8 23) 14 24) 4 25) 11
26) 6 27) 13 28) 11 29) 8 30) 11

DAY 51
1) 7 2) 7 3) 17 4) 10 5) 13
6) 10 7) 14 8) 2 9) 12 10) 5
11) 12 12) 4 13) 14 14) 8 15) 11
16) 14 17) 16 18) 7 19) 8 20) 6
21) 10 22) 7 23) 8 24) 10 25) 9
26) 12 27) 6 28) 4 29) 10 30) 7

Subtraction Answer Key Sheet

DAY 1
1) 2 2) 6 3) 4 4) 5 5) 1
6) 1 7) 1 8) 3 9) 8 10) 1
11) 3 12) 3 13) 7 14) 1 15) 1
16) 1 17) 3 18) 4 19) 5 20) 4
21) 3 22) 1 23) 0 24) 2 25) 1
26) 1 27) 6 28) 1 29) 7 30) 5

DAY 2
1) 2 2) 2 3) 3 4) 6 5) 1
6) 4 7) 3 8) 4 9) 0 10) 1
11) 5 12) 4 13) 4 14) 3 15) 3
16) 4 17) 3 18) 2 19) 8 20) 1
21) 2 22) 3 23) 3 24) 6 25) 3
26) 2 27) 4 28) 1 29) 2 30) 4

DAY 3
1) 1 2) 7 3) 4 4) 1 5) 2
6) 1 7) 4 8) 0 9) 1 10) 1
11) 2 12) 0 13) 6 14) 2 15) 8
16) 5 17) 1 18) 6 19) 1 20) 0
21) 3 22) 5 23) 3 24) 4 25) 4
26) 3 27) 6 28) 2 29) 1 30) 6

DAY 4
1) 3 2) 1 3) 2 4) 0 5) 1
6) 5 7) 0 8) 5 9) 4 10) 6
11) 2 12) 1 13) 6 14) 0 15) 5
16) 2 17) 5 18) 3 19) 0 20) 1
21) 5 22) 1 23) 1 24) 2 25) 0
26) 2 27) 2 28) 3 29) 0 30) 2

DAY 5
1) 3 2) 4 3) 0 4) 8 5) 1
6) 5 7) 5 8) 7 9) 1 10) 3
11) 3 12) 0 13) 2 14) 1 15) 6
16) 1 17) 2 18) 1 19) 4 20) 7
21) 1 22) 0 23) 3 24) 5 25) 5
26) 3 27) 2 28) 3 29) 1 30) 3

DAY 6
1) 8 2) 0 3) 3 4) 1 5) 4
6) 1 7) 4 8) 5 9) 3 10) 3
11) 2 12) 2 13) 1 14) 2 15) 4
16) 5 17) 6 18) 0 19) 4 20) 0
21) 2 22) 1 23) 0 24) 4 25) 6
26) 2 27) 0 28) 0 29) 3 30) 7

DAY 7
1) 1 2) 0 3) 6 4) 4 5) 5
6) 6 7) 1 8) 2 9) 4 10) 1
11) 0 12) 0 13) 0 14) 0 15) 0
16) 1 17) 6 18) 0 19) 2 20) 5
21) 1 22) 5 23) 4 24) 6 25) 0
26) 1 27) 6 28) 2 29) 2 30) 1

DAY 8
1) 1 2) 1 3) 4 4) 3 5) 3
6) 1 7) 6 8) 3 9) 4 10) 0
11) 3 12) 1 13) 7 14) 1 15) 4
16) 1 17) 0 18) 2 19) 5 20) 8
21) 6 22) 4 23) 7 24) 4 25) 8
26) 4 27) 4 28) 4 29) 0 30) 4

DAY 9
1) 6 2) 1 3) 2 4) 0 5) 1
6) 3 7) 1 8) 3 9) 1 10) 2
11) 5 12) 2 13) 1 14) 0 15) 6
16) 1 17) 3 18) 0 19) 4 20) 3
21) 4 22) 3 23) 0 24) 3 25) 4
26) 4 27) 0 28) 2 29) 1 30) 2

DAY 10
1) 1 2) 3 3) 4 4) 4 5) 2
6) 3 7) 4 8) 3 9) 2 10) 4
11) 1 12) 2 13) 5 14) 7 15) 0
16) 2 17) 2 18) 2 19) 1 20) 4
21) 2 22) 4 23) 3 24) 6 25) 1
26) 4 27) 1 28) 3 29) 4 30) 2

DAY 11
1) 7 2) 0 3) 1 4) 3 5) 7
6) 3 7) 1 8) 1 9) 6 10) 2
11) 3 12) 3 13) 2 14) 6 15) 3
16) 6 17) 1 18) 0 19) 4 20) 1
21) 5 22) 3 23) 7 24) 6 25) 0
26) 4 27) 4 28) 3 29) 0 30) 7

DAY 12
1) 2 2) 7 3) 3 4) 2 5) 3
6) 1 7) 2 8) 2 9) 5 10) 2
11) 6 12) 1 13) 5 14) 1 15) 1
16) 6 17) 4 18) 6 19) 1 20) 4
21) 3 22) 0 23) 6 24) 0 25) 3
26) 2 27) 3 28) 7 29) 1 30) 5

DAY 13
1) 4 2) 2 3) 2 4) 3 5) 1
6) 1 7) 2 8) 0 9) 2 10) 1
11) 7 12) 3 13) 0 14) 4 15) 0
16) 1 17) 1 18) 2 19) 1 20) 5
21) 1 22) 1 23) 1 24) 6 25) 7
26) 1 27) 6 28) 2 29) 2 30) 5

DAY 14
1) 6 2) 6 3) 2 4) 3 5) 2
6) 2 7) 6 8) 6 9) 1 10) 8
11) 3 12) 3 13) 3 14) 5 15) 4
16) 5 17) 3 18) 3 19) 1 20) 5
21) 3 22) 5 23) 5 24) 2 25) 0
26) 2 27) 0 28) 1 29) 3 30) 5

DAY 15
1) 1 2) 6 3) 2 4) 0 5) 2
6) 4 7) 0 8) 2 9) 5 10) 1
11) 0 12) 4 13) 2 14) 7 15) 3
16) 2 17) 4 18) 2 19) 7 20) 0
21) 0 22) 0 23) 1 24) 2 25) 2
26) 3 27) 0 28) 4 29) 3 30) 4

DAY 16
1) 3 2) 1 3) 2 4) 3 5) 5
6) 5 7) 1 8) 1 9) 2 10) 0
11) 5 12) 5 13) 2 14) 7 15) 1
16) 4 17) 2 18) 4 19) 6 20) 8
21) 3 22) 4 23) 4 24) 7 25) 5
26) 2 27) 5 28) 4 29) 7 30) 7

DAY 17
1) 2 2) 0 3) 5 4) 8 5) 3
6) 3 7) 1 8) 2 9) 1 10) 6
11) 4 12) 0 13) 2 14) 0 15) 1
16) 5 17) 8 18) 2 19) 3 20) 3
21) 8 22) 0 23) 1 24) 1 25) 4
26) 3 27) 5 28) 5 29) 1 30) 0

DAY 18
1) 8 2) 1 3) 2 4) 4 5) 2
6) 5 7) 6 8) 5 9) 1 10) 2
11) 5 12) 2 13) 5 14) 2 15) 1
16) 4 17) 2 18) 2 19) 2 20) 2
21) 0 22) 1 23) 3 24) 7 25) 2
26) 0 27) 3 28) 2 29) 3 30) 1

DAY 19
1) 1 2) 2 3) 0 4) 3 5) 3
6) 0 7) 0 8) 2 9) 5 10) 6
11) 3 12) 7 13) 5 14) 7 15) 2
16) 4 17) 0 18) 5 19) 1 20) 5
21) 5 22) 3 23) 2 24) 4 25) 4
26) 0 27) 6 28) 6 29) 8 30) 1

DAY 20
1) 1 2) 2 3) 1 4) 1 5) 1
6) 7 7) 2 8) 1 9) 7 10) 2
11) 1 12) 8 13) 3 14) 5 15) 1
16) 5 17) 2 18) 2 19) 2 20) 5
21) 2 22) 3 23) 1 24) 3 25) 4
26) 7 27) 5 28) 5 29) 1 30) 1

DAY 21
1) 2 2) 7 3) 2 4) 5 5) 2
6) 6 7) 1 8) 6 9) 2 10) 2
11) 8 12) 5 13) 4 14) 3 15) 2
16) 0 17) 3 18) 3 19) 2 20) 2
21) 4 22) 0 23) 0 24) 3 25) 5
26) 7 27) 5 28) 2 29) 3 30) 6

DAY 22
1) 1 2) 2 3) 4 4) 0 5) 5
6) 3 7) 1 8) 8 9) 1 10) 4
11) 3 12) 3 13) 4 14) 4 15) 2
16) 3 17) 8 18) 8 19) 0 20) 0
21) 6 22) 5 23) 4 24) 3 25) 3
26) 4 27) 7 28) 4 29) 1 30) 1

DAY 23
1) 3 2) 2 3) 2 4) 4 5) 0
6) 3 7) 1 8) 8 9) 1 10) 5
11) 2 12) 3 13) 4 14) 2 15) 0
16) 4 17) 2 18) 4 19) 7 20) 0
21) 0 22) 3 23) 1 24) 0 25) 4
26) 4 27) 1 28) 4 29) 2 30) 7

DAY 24
1) 3 2) 2 3) 7 4) 5 5) 2
6) 1 7) 2 8) 4 9) 2 10) 2
11) 2 12) 2 13) 0 14) 0 15) 0
16) 6 17) 2 18) 3 19) 7 20) 2
21) 4 22) 1 23) 3 24) 2 25) 4
26) 4 27) 3 28) 1 29) 2 30) 4

DAY 25
1) 5 2) 6 3) 3 4) 3 5) 2
6) 5 7) 2 8) 3 9) 2 10) 8
11) 3 12) 1 13) 1 14) 4 15) 3
16) 2 17) 1 18) 8 19) 4 20) 0
21) 2 22) 2 23) 7 24) 0 25) 5
26) 5 27) 2 28) 8 29) 3 30) 2

DAY 26
1) 0 2) 8 3) 2 4) 5 5) 3
6) 0 7) 3 8) 2 9) 2 10) 8
11) 4 12) 4 13) 6 14) 5 15) 1
16) 5 17) 1 18) 3 19) 3 20) 3
21) 0 22) 0 23) 3 24) 3 25) 3
26) 2 27) 8 28) 2 29) 2 30) 1

DAY 27
1) 1 2) 0 3) 2 4) 2 5) 1
6) 1 7) 1 8) 4 9) 1 10) 4
11) 6 12) 4 13) 2 14) 5 15) 0
16) 4 17) 2 18) 2 19) 3 20) 2
21) 2 22) 3 23) 4 24) 8 25) 1
26) 6 27) 5 28) 1 29) 6 30) 1

DAY 28
1) 1 2) 3 3) 3 4) 0 5) 4
6) 2 7) 0 8) 1 9) 0 10) 0
11) 5 12) 2 13) 3 14) 0 15) 6
16) 0 17) 5 18) 4 19) 2 20) 2
21) 3 22) 7 23) 4 24) 1 25) 1
26) 7 27) 4 28) 1 29) 0 30) 1

DAY 29
1) 6 2) 2 3) 0 4) 0 5) 2
6) 4 7) 2 8) 2 9) 3 10) 7
11) 2 12) 4 13) 1 14) 1 15) 0
16) 5 17) 1 18) 1 19) 1 20) 6
21) 2 22) 4 23) 3 24) 2 25) 1
26) 3 27) 1 28) 7 29) 4 30) 1

DAY 30
1) 2 2) 2 3) 1 4) 1 5) 1
6) 2 7) 1 8) 4 9) 1 10) 4
11) 7 12) 3 13) 3 14) 0 15) 1
16) 3 17) 1 18) 1 19) 1 20) 1
21) 1 22) 1 23) 1 24) 1 25) 7
26) 2 27) 2 28) 1 29) 2 30) 5

DAY 31
1) 1 2) 2 3) 2 4) 4 5) 3
6) 1 7) 4 8) 4 9) 0 10) 5
11) 1 12) 1 13) 0 14) 1 15) 1
16) 1 17) 1 18) 6 19) 0 20) 3
21) 3 22) 3 23) 0 24) 7 25) 4
26) 3 27) 0 28) 2 29) 0 30) 1

DAY 32
1) 1 2) 2 3) 3 4) 2 5) 1
6) 0 7) 3 8) 3 9) 0 10) 8
11) 5 12) 2 13) 5 14) 1 15) 0
16) 2 17) 2 18) 6 19) 0 20) 1
21) 6 22) 2 23) 2 24) 6 25) 5
26) 4 27) 2 28) 0 29) 0 30) 2

DAY 33
1) 2 2) 0 3) 2 4) 2 5) 3
6) 5 7) 0 8) 1 9) 5 10) 1
11) 1 12) 1 13) 2 14) 3 15) 4
16) 1 17) 1 18) 2 19) 6 20) 1
21) 1 22) 3 23) 1 24) 3 25) 3
26) 1 27) 0 28) 2 29) 2 30) 1

DAY 34
1) 2 2) 0 3) 5 4) 8 5) 3
6) 1 7) 3 8) 1 9) 6 10) 6
11) 1 12) 7 13) 3 14) 0 15) 5
16) 2 17) 5 18) 2 19) 5 20) 3
21) 4 22) 1 23) 2 24) 5 25) 3
26) 3 27) 6 28) 0 29) 0 30) 0

DAY 35
1) 0 2) 0 3) 2 4) 7 5) 3
6) 1 7) 4 8) 5 9) 2 10) 4
11) 8 12) 4 13) 2 14) 3 15) 1
16) 6 17) 5 18) 3 19) 0 20) 3
21) 2 22) 3 23) 4 24) 3 25) 2
26) 4 27) 4 28) 2 29) 5 30) 1

DAY 36
1) 2 2) 0 3) 1 4) 1 5) 5
6) 2 7) 0 8) 1 9) 2 10) 6
11) 2 12) 2 13) 1 14) 0 15) 3
16) 1 17) 3 18) 7 19) 4 20) 1
21) 3 22) 3 23) 1 24) 4 25) 0
26) 5 27) 0 28) 3 29) 0 30) 1

DAY 37
1) 3 2) 1 3) 4 4) 4 5) 1
6) 0 7) 0 8) 7 9) 3 10) 0
11) 3 12) 6 13) 5 14) 7 15) 4
16) 3 17) 6 18) 6 19) 3 20) 2
21) 4 22) 4 23) 4 24) 1 25) 3
26) 0 27) 2 28) 3 29) 0 30) 3

DAY 38
1) 7 2) 7 3) 5 4) 0 5) 0
6) 1 7) 3 8) 4 9) 1 10) 0
11) 2 12) 3 13) 7 14) 3 15) 2
16) 0 17) 2 18) 2 19) 5 20) 1
21) 3 22) 1 23) 4 24) 2 25) 2
26) 4 27) 6 28) 4 29) 4 30) 3

DAY 39
1) 7 2) 7 3) 0 4) 1 5) 2
6) 4 7) 0 8) 6 9) 0 10) 4
11) 2 12) 2 13) 0 14) 2 15) 4
16) 2 17) 7 18) 3 19) 3 20) 5
21) 1 22) 5 23) 5 24) 4 25) 7
26) 4 27) 1 28) 1 29) 3 30) 5

DAY 40
1) 2 2) 4 3) 3 4) 6 5) 0
6) 3 7) 3 8) 3 9) 5 10) 0
11) 3 12) 8 13) 4 14) 0 15) 3
16) 7 17) 5 18) 0 19) 6 20) 1
21) 5 22) 0 23) 5 24) 2 25) 1
26) 0 27) 2 28) 7 29) 1 30) 1

DAY 41
1) 2 2) 8 3) 0 4) 1 5) 2
6) 3 7) 4 8) 4 9) 0 10) 7
11) 6 12) 6 13) 8 14) 4 15) 3
16) 1 17) 2 18) 3 19) 3 20) 7
21) 0 22) 2 23) 4 24) 4 25) 1
26) 2 27) 0 28) 4 29) 5 30) 1

DAY 42
1) 1 2) 4 3) 1 4) 3 5) 8
6) 3 7) 3 8) 6 9) 5 10) 2
11) 2 12) 1 13) 2 14) 8 15) 0
16) 2 17) 6 18) 3 19) 5 20) 1
21) 3 22) 1 23) 8 24) 5 25) 4
26) 5 27) 4 28) 2 29) 4 30) 3

DAY 43
1) 2 2) 2 3) 2 4) 3 5) 3
6) 0 7) 5 8) 0 9) 1 10) 1
11) 8 12) 4 13) 2 14) 1 15) 2
16) 3 17) 5 18) 2 19) 4 20) 4
21) 3 22) 4 23) 6 24) 7 25) 6
26) 3 27) 0 28) 3 29) 1 30) 4

DAY 44
1) 3 2) 0 3) 2 4) 1 5) 0
6) 2 7) 2 8) 5 9) 3 10) 1
11) 5 12) 1 13) 0 14) 2 15) 4
16) 1 17) 4 18) 5 19) 5 20) 5
21) 1 22) 2 23) 6 24) 5 25) 1
26) 1 27) 1 28) 6 29) 1 30) 7

DAY 45
1) 6 2) 3 3) 2 4) 5 5) 0
6) 7 7) 1 8) 1 9) 2 10) 6
11) 4 12) 3 13) 1 14) 1 15) 3
16) 3 17) 3 18) 1 19) 5 20) 6
21) 3 22) 3 23) 1 24) 5 25) 7
26) 5 27) 7 28) 3 29) 3 30) 3

DAY 46
1) 5 2) 3 3) 4 4) 3 5) 1
6) 5 7) 2 8) 3 9) 6 10) 2
11) 2 12) 5 13) 3 14) 0 15) 7
16) 8 17) 2 18) 2 19) 2 20) 3
21) 2 22) 6 23) 5 24) 3 25) 3
26) 2 27) 4 28) 0 29) 4 30) 2

DAY 47
1) 1 2) 3 3) 4 4) 2 5) 0
6) 4 7) 4 8) 4 9) 5 10) 1
11) 0 12) 4 13) 0 14) 7 15) 2
16) 3 17) 2 18) 5 19) 7 20) 0
21) 2 22) 6 23) 1 24) 2 25) 4
26) 1 27) 0 28) 3 29) 6 30) 4

DAY 48
1) 2 2) 0 3) 2 4) 0 5) 1
6) 0 7) 5 8) 7 9) 9 10) 0
11) 2 12) 4 13) 1 14) 1 15) 2
16) 1 17) 5 18) 2 19) 0 20) 3
21) 6 22) 1 23) 0 24) 7 25) 2
26) 4 27) 2 28) 0 29) 2 30) 3

DAY 49
1) 1 2) 2 3) 1 4) 1 5) 3
6) 3 7) 3 8) 1 9) 0 10) 2
11) 2 12) 2 13) 0 14) 2 15) 0
16) 5 17) 2 18) 3 19) 8 20) 1
21) 6 22) 3 23) 5 24) 8 25) 3
26) 0 27) 2 28) 3 29) 8 30) 2

DAY 50
1) 2 2) 3 3) 3 4) 4 5) 3
6) 4 7) 5 8) 0 9) 3 10) 2
11) 2 12) 4 13) 0 14) 5 15) 0
16) 2 17) 1 18) 0 19) 1 20) 1
21) 0 22) 2 23) 3 24) 1 25) 7
26) 8 27) 5 28) 5 29) 4 30) 5

DAY 51
1) 2 2) 2 3) 1 4) 2 5) 6
6) 6 7) 3 8) 1 9) 3 10) 7
11) 6 12) 0 13) 3 14) 1 15) 6
16) 3 17) 2 18) 5 19) 3 20) 4
21) 6 22) 2 23) 5 24) 4 25) 1
26) 4 27) 0 28) 2 29) 1 30) 1

Blank Sheet

6600 Practice Problems

100+ Days of Timed Tests

Double Digit
Addition & Subtraction

Grade 1-3

60

120 Pages

Ages 6-9

MATH DRILLS WITH & WITHOUT REGROUPING

3000+ Practice Problems

100+ Days of Timed Tests

Triple Digit
Addition & Subtraction

Math Excel

Ages 7-9

110 Pages

Grade 2-3

MATH DRILLS WITH & WITHOUT REGROUPING

6000 Practice Problems

100 Days of Timed Tests

MULTIPLICATION & DIVISION
Facts 1 to 12

Ages 7-10

109 Pages

Grade 3-5

MATH DRILLS   SPEED MATH PRACTICE

High Frequency Words

Dolch Pre-K & K SIGHT WORDS

PRACTICE BOOK
For Pre-K & Kindergarten

eat

eat

Ages 4+

Tracing   Coloring

Certificate of Excellence Award in
Addition & Subtraction Facts 0 to 9

Congratulations!

By:

Date:

You are a Star!

abcZbook

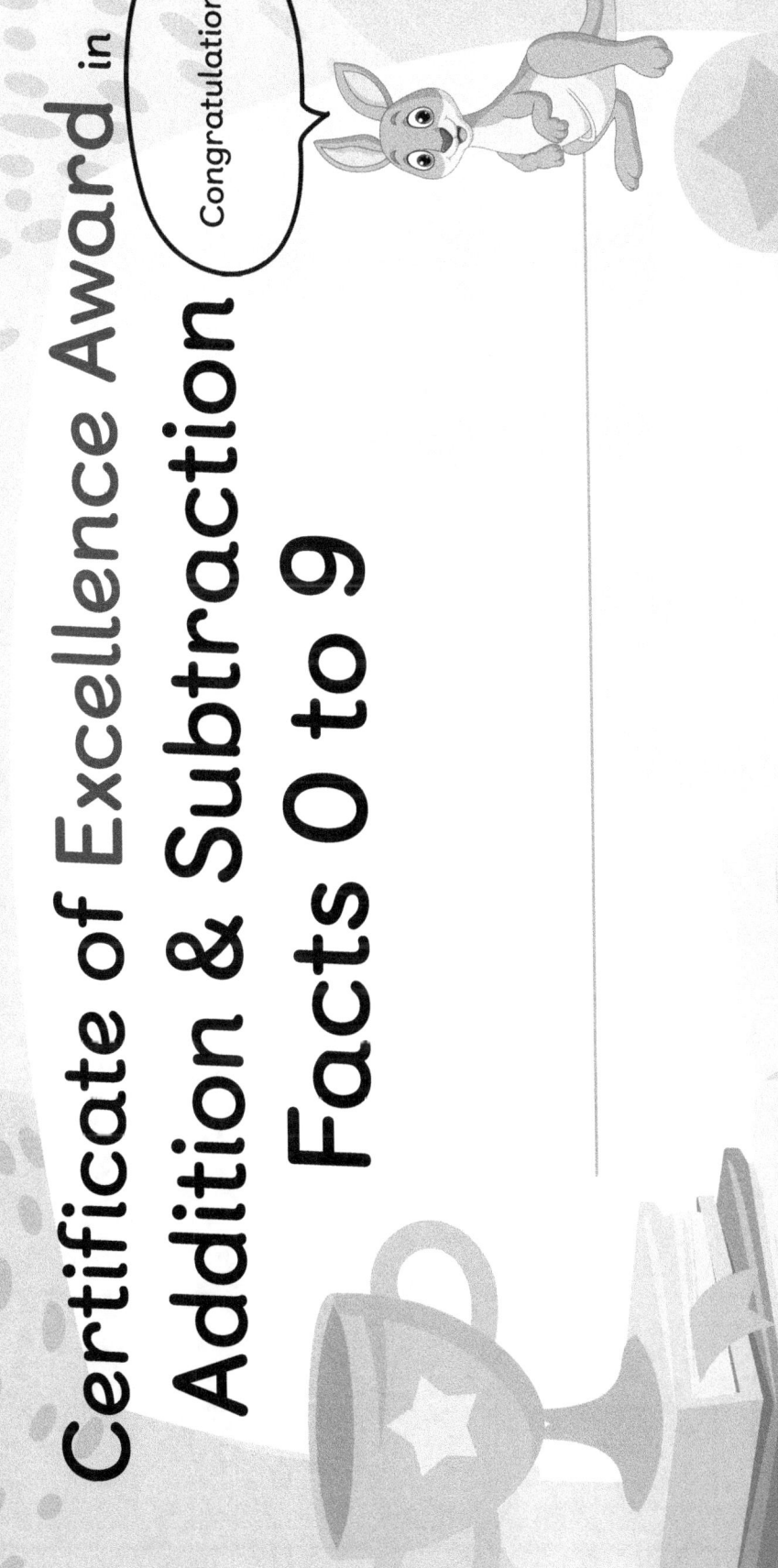